国家科技重大专项资助项目（2016ZX05067004-003）
辽宁省自然科学基金指导计划项目（20180551093）
中国煤炭科工集团有限公司科技创新创业资金专项项目（2018-2-MS022）
煤矿安全技术国家重点实验室资助项目

低渗透高瓦斯煤层大采高开采瓦斯综合防治技术与工程应用

主编　雷云 孙亮 邹永洺

Dishentou Gaowasi Meiceng Dacaigao
Kaicai Wasi Zonghe Fangzhi Jishu Yu
Gongcheng Yingyong

中国矿业大学出版社
·徐州·

内 容 简 介

本书主要内容包括煤矿瓦斯赋存、煤矿瓦斯涌出、低渗透高瓦斯煤层大采高开采未卸压瓦斯综合防治技术、低渗透高瓦斯煤层大采高开采采动卸压瓦斯综合防治技术、高瓦斯煤层大采高开采瓦斯监测与检测技术、高瓦斯煤层大采高工作面瓦斯综合防治管理体系等。全书内容丰富、层次清晰，具前瞻性和实用性。

本书可供从事安全工程、采矿工程等相关专业的科研与工程技术人员参考使用。

图书在版编目(CIP)数据

低渗透高瓦斯煤层大采高开采瓦斯综合防治技术与工程应用/雷云，孙亮，邹永洺主编. —徐州：中国矿业大学出版社，2019.12

ISBN 978-7-5646-3122-2

Ⅰ. ①低… Ⅱ. ①雷… ②孙… ③邹… Ⅲ. ①煤矿—瓦斯爆炸—防治 Ⅳ. ①TD712

中国版本图书馆 CIP 数据核字(2019)第 267721 号

书　　名　低渗透高瓦斯煤层大采高开采瓦斯综合防治技术与工程应用
主　　编　雷　云　孙　亮　邹永洺
责任编辑　王美柱
出版发行　中国矿业大学出版社有限责任公司
　　　　　　(江苏省徐州市解放南路　邮编 221008)
营销热线　(0516)83884103　83885105
出版服务　(0516)83995789　83884920
网　　址　http://www.cumtp.com　**E-mail**:cumtpvip@cumtp.com
印　　刷　江苏淮阴新华印务有限公司
开　　本　787 mm×1092 mm　1/16　**印张** 7.75　**字数** 193 千字
版次印次　2019 年 12 月第 1 版　2019 年 12 月第 1 次印刷
定　　价　45.00 元

《低渗透高瓦斯煤层大采高开采瓦斯综合防治技术与工程应用》编写人员

主　编	雷　云　孙　亮　邹永洺
副主编	闫循强　贾　男　刘　扬　梁忠秋 潘竞涛
参　编	刘　飞　张　辉　高宏烨　王　祎 金广东　刘光义　樊宇鹏　黄明秀 龙　鑫　郭　强　张　帆　董子龙 韩俊丰　李国学

前　言

近年来随着科技的不断发展，大采高采煤方法在厚煤层开采中逐渐被推广应用。该方法具备生产能力强、单面产量高、巷道布局简单、巷道掘进工程量小、生产工序简单、回采率高、成本低等优点，但同时也会带来很多安全问题。大采高高强度快速高效采煤，导致工作面瓦斯涌出量增大，尤其是上隅角、回风流、支架后方放煤处及支架顶端等地点的瓦斯超限。这致使瓦斯的防治工作更加复杂，严重制约着煤矿企业的安全发展。

据统计，我国煤层渗透率主要分布区间为0.002～16.17 mD。其中，渗透率小于或等于0.1 mD的煤层约占35%，渗透率在0.1～1.0 mD之间的煤层约占37%，渗透率大于1.0 mD的煤层约占28%，渗透率大于10 mD的煤层较少，说明我国煤层渗透率普遍较低。我国煤矿开采地质条件非常复杂，埋深在1 000 m以下的煤炭资源量占我国总的煤炭资源量的53%。随着开采深度的不断增加，我国大部分煤矿的主采煤层将成为低渗透高瓦斯煤层。

本书针对低渗透高瓦斯煤层大采高工作面瓦斯涌出对安全生产构成威胁的现状，开展低渗透高瓦斯煤层大采高工作面瓦斯综合治理技术研究，从而为提高工作面瓦斯抽采量，实现工作面高产高效以及建立本质安全型矿井提供强有力的技术支撑。

本书在前人研究的基础上，结合现场实际，对低渗透高瓦斯煤层大采高工作面的瓦斯赋存状态和瓦斯涌出形式进行了分析，提出了低渗透高瓦斯煤层大采高开采和采动卸压瓦斯综合防治技术，大采高开采瓦斯监测与检测技术，大采高工作面瓦斯综合防治管理体系，形成了一整套低渗透高瓦斯煤层大采高工作面瓦斯综合治理技术体系，可为类似条件下的煤层瓦斯治理提供借鉴。

本书在论述大采高开采瓦斯综合防治技术理论的过程中，密切联系实际。书中所列举的大量的实际工程，都是本书编写人员参与完成的，不一定是示范工程，仅为了说明基础理论的应用方法。要提高大采高开采瓦斯综合防治技术科技水平，必须以坚实的理论基础为支撑，这是编者在编写本书过程中始终坚持的观点。

书中还引用了一些前人的研究成果与实测数据，未完全标出。在此，编者一并表示感谢。

由于时间仓促，加之编者水平所限，书中难免有不妥之处，恳请读者不吝指正。

编　者

2019年8月

目　录

第1章 煤矿瓦斯赋存

1.1 矿井瓦斯的定义及生成

目前,对矿井瓦斯的定义分为广义和狭义两种。广义的矿井瓦斯是指井下有害气体的总称。按分源法分析,主要有三类:一是从围岩和煤层渗入开采空间的气体;二是生产过程中爆破作业、设备运行以及井下空气与生产材料间化学反应生成的气体;三是放射性物质在衰变过程中产生的惰性气体氡气(Rn)及氦气(He)等。广义的矿井瓦斯成分除了甲烷(CH_4)外,还包括二氧化碳(CO_2)、氮气(N_2)、硫化氢(H_2S)、一氧化碳(CO)、氢气(H_2)、二氧化硫(SO_2)、氨气(NH_3)及其他碳氢化合物和惰性气体等。而矿井中的瓦斯一般以甲烷为主,所以狭义的矿井瓦斯就是指甲烷。

煤层和煤系地层是煤矿井下瓦斯的主要来源。目前普遍认为,瓦斯是煤形成过程中的伴生物。目前的成煤理论认为煤的原始腐殖质沉积后一般会经历两个成气过程:从泥炭到褐煤的生物化学成气过程和在高温高压作用下从烟煤到无烟煤的变质成气过程。瓦斯的生成与煤的形成是同时进行且相互依存的过程。原始腐殖质的种类和煤化阶段决定了区域瓦斯生成量。

在煤与油气共生矿区,油气田的瓦斯入侵是煤层瓦斯的重要来源之一。据有关资料,陕西陕煤集团铜川矿业有限公司焦坪煤矿的煤层瓦斯就与顶底板砂岩含油层的瓦斯有关;陕西旬邑青岗坪矿业有限公司所辖矿井为煤油共生矿井,其6号煤层瓦斯含量受含油层影响较大。

1.2 瓦斯赋存规律及分带

对煤层瓦斯赋存情况的研究,是矿井瓦斯研究中的重要环节。一般情况下,围岩中的瓦斯含量较低,相较煤体中的瓦斯含量很小。煤体中的瓦斯含量决定矿井瓦斯等级,也直接影响煤层瓦斯流动状态。

1.2.1 煤中瓦斯赋存状态

借鉴固体表面吸附理论,将煤中瓦斯赋存状态分为吸附状态和游离状态。煤的吸附性实际上是固体表面与气体或者液体的一种表面作用。煤体表面的分子存在剩余的自由力场。当瓦斯(甲烷等)分子运动到煤体表面或者距煤体表面一定近的距离处时,其会被煤体表面吸附,并释放出吸附热。某部分原被吸附的瓦斯(甲烷等)分子在获得足够挣脱束缚的自由能之后,可克服煤体表面引力场的引力作用,重新回到气相中成为游离状态的瓦斯。通常情况下,煤层中吸附态瓦斯量要高于游离态瓦斯量。

在外界条件稳定不变的情况下，煤体中的吸附态瓦斯和游离态瓦斯处于动态平衡状态，吸附态瓦斯（甲烷等）分子和游离态瓦斯（甲烷等）分子不断地运动交换。当外界的某个因素发生变化时，原有平衡被打破，一定时间后再形成新的动态平衡。比如温度升高，更多的瓦斯（甲烷等）分子可以获得足够的自由能，游离态的瓦斯增加；经过液态二氧化碳爆破作用后的煤体裂隙发育，煤层透气性增加，游离态瓦斯部分释放，瓦斯压力降低，部分吸附态瓦斯补充。

此外，根据有关学者的较深入的分析测试，煤体中瓦斯除了有吸附态和游离态的赋存状态外，还存在另外两种赋存状态，即液态和固溶态。

1.2.2 瓦斯分带现象

当煤层具有露头或在冲积层之下有含煤盆地时，在煤层内存在两种不同的气体运移过程，即煤层中的瓦斯由深部向上运移，地面空气、表土中的生物化学作用和化学反应产生的气体向深部煤层渗透扩散，从而赋存在煤层内的瓦斯表现出垂直方向分带特征。煤层瓦斯的带状分布特征是煤层瓦斯含量及瓦斯涌出量预测的基础，也是做好瓦斯防控工作的依据。

瓦斯沿垂直方向一般可分为两个带，即瓦斯风化带和甲烷带。

(1) 瓦斯风化带

一般把“CO_2-N_2”“N_2”“N_2-CH_4”带统称为瓦斯风化带。各部分的瓦斯组分不同，瓦斯含量也不同。

(2) 甲烷带

瓦斯风化带以下为甲烷带。在甲烷带内，煤层的瓦斯含量、瓦斯压力一般随埋藏深度的增加呈一定规律增大。

1.3 影响瓦斯赋存的因素

在从植物遗体到形成煤炭的变质过程中，每生成 1 t 煤至少伴生 100 m^3 以上的瓦斯。但是，目前勘探和开采的煤层，最大的瓦斯含量不超过 50 m^3/t。究其原因，目前普遍认为有两个方面：一是煤层本身的成煤基础，比如成煤植物种类和成煤地质年代等；二是瓦斯作为一种压力气体赋存在煤层中，在漫长的地质年代中大部分逸散了。目前储存在煤体中的瓦斯仅为剩余的瓦斯。

1.3.1 煤系地质史

瓦斯是成煤过程中的伴生物。煤层赋存在含煤地层中，不同地区的煤具有不同的成煤地质史。煤系地层的地质史对一定区域内煤层瓦斯含量和赋存状况有很大影响。

成煤初期，沉积植物不同决定煤层赋存状态不同。例如，浅海环境成煤主要为藻类成煤，煤层厚度较薄，且多为碳质泥岩或藻煤层；陆表海、碳酸盐台地成煤，属非沼泽环境的泥炭坪成煤，煤层层数少，厚度变化大，分叉尖灭现象显著。原始沉积植物是煤层瓦斯生成的物质基础。

聚煤沉积环境是影响煤层瓦斯含量的重要因素。在煤岩沉积过程中，煤在地壳中的聚积是波浪式发展的，首先是从无到有，而后是强弱交替，出现一系列的聚煤期。我国各地质年代（包括中元古代、新元古代、古生代、中生代及新生代）都有聚煤作用发生。其中，古生代和中生代含煤地层及部分新生代含煤地层中所含的可采煤层为目前矿井的主要开采煤层。

冲积平原环境不利于煤层的积聚，煤层厚度变化较大，加之煤系盖层多为粗碎屑岩类型，有利于瓦斯的逸散，故煤层瓦斯含量一般较低。例如，分布于福建省冲积平原环境的矿井，多为低瓦斯矿井。近海煤田中，煤层大多形成于咸化介质、停滞和厌氧的泥炭沼泽中，多数为还原环境，因而煤层瓦斯含量较高，含硫量也较高。

通过对煤系沉积环境的分析，可从定性方面知道不同沉积环境瓦斯储集的不同，从根本上了解聚煤期煤层瓦斯的分布。

聚煤期前后的沉积环境及其演化，决定煤层上覆基岩和下伏地层的岩性、组合和厚度，从而决定其煤系环境的透气性。尤其是上覆基岩的沉积特征，对煤层瓦斯的存储或者逸散有着较为直接且重要的影响。

① 聚煤期前后向平静水体环境演化的沉积，有利于煤层瓦斯赋存。聚煤期前后平静水体环境大多沉积一些细碎屑岩、油页岩及泥灰岩，其透气性一般较差，这导致煤层中的瓦斯不能垂向运移，从而阻碍煤层瓦斯逸散。

② 聚煤期前后冲积环境的沉积，不利于煤层瓦斯赋存。冲积环境形成的砾岩、砂岩等粗碎屑岩透气性较好，有利于煤层瓦斯的运移或者逸散。所以即使聚煤后期条件优越，若聚煤后沉积环境演化为冲积环境，煤中瓦斯含量也普遍较低。

③ 煤系上覆地层若为河床、河流相占优势的冲积相-湖泊相旋回，由于粗碎屑岩含量高，上覆地层透气性好，有利于煤层瓦斯的运移；如果是以湖泊和深水湖泊沉积为主的完整旋回，且以泥质岩沉积为主，则有利于瓦斯的保存。

含煤岩系沉积后，沉积环境的连续演化情况对煤层瓦斯的保存也有重要影响。如构造运动会影响聚煤期聚煤环境的正常演化，造成沉积的间断或者不完整，从而不利于煤层瓦斯保存。

1.3.2　煤中的水分

煤系中的水文地质条件对煤层瓦斯的保存影响很大，不同水文地质条件下煤层瓦斯含量差别很大。地下水的运移，一方面驱动着裂隙和孔隙中的瓦斯运移，另一方面又带动溶解于水中的瓦斯一起流动，同时，水被吸附在裂隙和孔隙的表面后还能降低煤对瓦斯的吸附能力，并能增大瓦斯排放能力。因此，地下水的活动有利于瓦斯的排放。

煤中的水分分为游离水和化合水两类。将以物理状态吸附在煤颗粒内部毛细管中和附着在煤颗粒表面的水分称为游离水。化合水是指以化学方式与矿物质结合，在全水分测定后仍然保留下来的水分，也就是通常说的结晶水和结合水。游离水在 105～110 ℃的温度下，经过 1～2 h 可蒸发掉；而结晶水一般要在 200～500 ℃才能解析出来。在做工业分析时，一般只测试游离水，而忽略结晶水。

煤变质程度越低，煤的含水量对瓦斯吸附量的影响越大。在相同瓦斯压力下，随着含水量增加，煤的瓦斯吸附量降低。不过含水量对不同煤阶煤的瓦斯吸附量的影响程度不同。含水量增加，可降低煤的孔隙率，从而减少瓦斯吸附空间。同时，水分与煤的组成分子发生一定的化合作用，也能降低煤的瓦斯含量。

1.3.3　煤中的挥发分

将煤在一定温度下隔绝空气加热，逸出物质（气体或者液体）中减掉水分后的挥发物质，就是煤的挥发分。其大部分是各种类型的碳氢化合物，也有部分是不能燃烧的气体或者蒸气，比如氮气、二氧化碳等。随着挥发分的减少，煤变质程度增加，煤的瓦斯吸附量会发生较大变化。

1.3.4 煤中的孔隙和裂隙

煤是一种裂隙和孔隙都比较发育的双重介质。在成煤过程中，煤受到各种应力作用会产生裂开现象。根据成因，可以把煤的裂隙分为五大类，分别是内生裂隙、外生裂隙、继承性裂隙、层面裂隙及采矿诱导裂隙。

在成煤初期，煤的结构疏松，孔隙率大，瓦斯(甲烷等)分子容易渗入煤体内部，所以褐煤具有比较大的吸附瓦斯能力。在地压作用下，煤变质程度增加，孔隙率减小，煤的结构逐渐致密。长焰煤的孔隙率和比表面积较小，与褐煤相比，其吸附瓦斯能力大大降低，最大的吸附瓦斯含量在 20～30 m^3/t。随着煤变质程度进一步增加，在高温高压条件下，煤体开始形成许多微孔隙，比表面积逐渐增大。在无烟煤阶段，煤体比表面积达到最大，吸附能力最强。此后，微孔隙开始收缩，直到石墨时吸附瓦斯的能力消失。

1.3.5 煤的表面自由能

煤的表面自由能，是指恒温恒压条件下，增加单位面积时自由能的增量。对于一定变质程度的煤，其表面自由能随吸附气体压力的增加而增加。在一定温度条件下，煤的吸附量与压力成正比。吸附气体压力的增加可促进气体的吸附、堆积，从而降低煤的表面自由能。对同一变质程度的煤，其表面自由能完全取决于煤的物理化学性质。根据表面化学理论，煤的表面自由能越大，其吸附能力越强。吸附能力较大，煤表面产生吸附膜，而吸附膜是煤体在外界力的作用下产生滑动破坏的天然“润滑剂”。两种煤在表面自由能上的差异会导致它们存在突出和破坏倾向性的区别，当然外界地质条件和采动影响也是重要的影响因素。

1.3.6 煤层埋藏深度

煤层埋藏深度对瓦斯的逸散有重要影响。一方面，随着埋藏深度的增加，地应力增高，煤层和围岩的透气性会降低；另一方面，埋藏深度的增加意味着煤层和围岩中赋存的瓦斯向地表运移的距离增大。这两方面都不利于瓦斯的逸散，会增强地质条件对煤层瓦斯的封存能力。有研究表明：当埋藏深度不大时，煤层瓦斯含量随着埋藏深度的增加大致呈梯度为正值的线性相关规律；当埋藏深度达到一定程度后，煤层瓦斯含量会趋于一个定值，并有可能下降。

1.3.7 煤层和围岩的赋存条件

煤储层的生成条件和保存条件对煤层瓦斯含量具有一定的控制作用，且煤储层保存条件对瓦斯含量的控制更为重要。不同地质时代发生的地层隆起、剥蚀、沉积、凹陷或岩浆活动，很大程度地影响煤化作用过程(瓦斯生成)，最重要的是可控制瓦斯的保存或逸散。如长治矿区，其含煤地层沉积之后经历了印支、燕山和喜马拉雅多期构造运动，区域构造应力场发生了多次改变。不同构造演化阶段的断裂力学性质以及断裂规模控制着煤层中瓦斯的运移、保存，并决定煤层现今的瓦斯含量。长治矿区中的三元煤业股份有限公司井田处于全掩盖区，构造简单，断层不发育(仅发育少量的褶曲)，构造对瓦斯控制不明显。其主采煤层(3号煤层)瓦斯含量、瓦斯涌出量整体上随着煤层埋藏深度的增加而逐渐增大，在向斜的翼部和背斜的轴部、小断层附近瓦斯含量、瓦斯涌出量相对增大。

1.3.8　区域地质构造

不同的地质构造及地质构造不同的部位对瓦斯的保存、运移等的影响不尽相同。断层对瓦斯赋存的影响是多方面的，它不仅对煤层的完整性和瓦斯的封闭条件有影响，而且对煤体结构、煤岩显微特征及煤的渗透率也有不同程度的影响。断层对瓦斯赋存的影响程度与断层性质及规模有关。从断层性质与瓦斯赋存的关系来看：压性断层（包括逆断层、压性走滑断层或发生反转的正断层）断层面具密闭性，断层面附近成为构造应力集中带，这样可以加大瓦斯压力，使煤层吸附瓦斯量增多，即煤层瓦斯含量相对增高，同时瓦斯不易透过断层面运移散失而有利于保存。张性断层（正断层、拉张走滑断层或发生反转的逆断层）断层面具开放性，断层面附近由于构造应力释放而成为低压区，煤层瓦斯大量解吸，并从断层面逸散，煤层瓦斯含量急剧下降。但在远离断层面的两侧一般形成两个平行断层呈对称分布的条带状构造应力高压区，煤层瓦斯含量相对升高，成为阻止煤层瓦斯进一步向断层运移的天然屏障。

一般而言，向斜构造比背斜构造对瓦斯保存有利。单纯从向斜构造来看，其轴部的瓦斯含量一般比两翼高。这是因为轴部岩层受到强力挤压，围岩的透气性会变得更低，有利于封存较多的瓦斯（见图 1-1）。

1—不透气岩层；2—瓦斯含量增高部位；3—煤层。

图 1-1　向斜构造

闭合而完整的背斜或穹窿构造且覆盖有不透气的岩层是良好的储存瓦斯构造。在其轴部煤层内往往积存高压瓦斯，形成“气顶”（见图 1-2）。倾伏背斜的轴部，通常比相同埋藏深度的翼部瓦斯含量高；但是当背斜轴的顶部岩层为透气性岩层或因张力形成连通地面的裂隙时，瓦斯会大量流失，轴部瓦斯含量反而比翼部少。

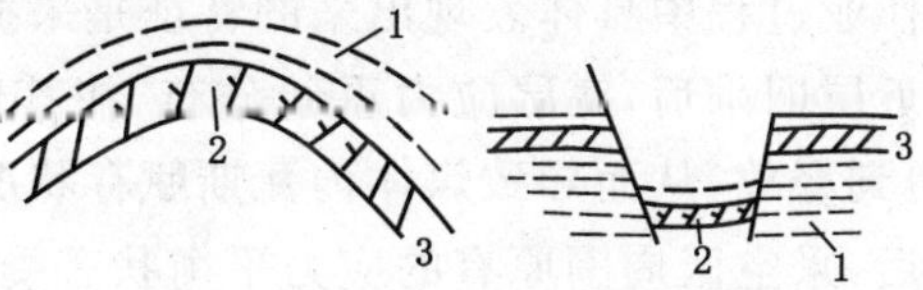

1—不透气岩层；2—瓦斯含量增高部位；3—煤层。

图 1-2　背斜及穹窿构造

煤层围岩的隔气和透气性能直接影响瓦斯的保存条件。围岩的透气性越大，瓦斯越易释放，煤层瓦斯含量就越小；反之，瓦斯易于保存，煤层的瓦斯含量就高。孔隙与裂隙发育的砂岩、砾岩和灰岩的透气性系数非常大，一般比致密而裂隙不发育的页岩、泥岩等岩石高出千倍以上。

瓦斯是从煤层埋藏较深处向较浅处及地表运移的。煤层上覆泥岩越厚越有利于瓦斯的保存，反之则不利于瓦斯的保存；本煤层至下部煤层之间的泥岩越厚，则本煤层受下部煤层瓦斯的影响越小。

一般陷落柱的发育情况如图 1-3 所示。如果陷落柱的发育裂隙沟通强含水地层、地表水或老窑积水，在煤矿开采时，水流量会增大，表现为水大瓦斯小的特点。若陷落柱不存在大量直接和地面沟通的孔隙、通道，则瓦斯保存条件较好，陷落柱周围容易积聚瓦斯。

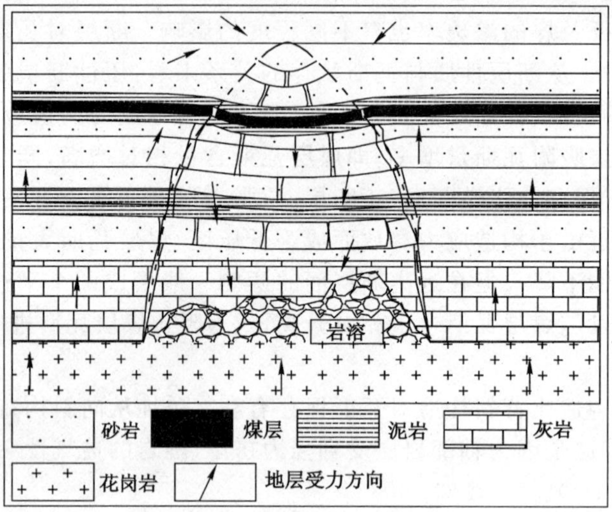

图 1-3　陷落柱的发育情况

1.3.9　采掘作业

采动条件下，尤其在深部开采的情况下，采动是影响煤层瓦斯赋存的重要因素。井下采掘空间形成初期，空间界面附近形成较高的集中应力带，当集中应力超过含瓦斯煤的强度时，集中应力带内煤体会发生一定的屈服变形，从而集中应力向煤体深部转移；随着集中应力不断向深部传播，应力集中系数逐步减小，应力分布趋于稳定，直到集中应力值小于煤体强度。煤矿井下采掘作业会使煤层所受应力重新分布，从而会造成次生透气性结构。同时，矿山压力可以使煤体透气性增高或者降低，表现为在卸压区煤体透气性增高，在应力集中区煤体透气性降低。在采掘作业过程中具体表现出来的特征是采掘空间的瓦斯涌出量忽大忽小。比如层间距较小的邻近层回采后，底层应力重新分布，在其保护范围内，煤（岩）体透气性均增大，煤体中的瓦斯得到释放，从而导致煤体内瓦斯赋存状况发生较大变化。

在采煤工作面采动以后，采空区周围原有的应力平衡状态受到破坏，引起应力的重新分布，从而引起岩层的变形、破坏与移动，并由下向上发展至地表而引起地表的移动，这一现象称为岩层移动。大量的观测表明，采用全部垮落法管理采空区情况下，根据采空区覆岩移动破坏程度可以形成垮落带、裂缝带、弯曲下沉带（“竖三带”），沿工作面的推进方向又分为煤壁支撑影响区、离层区、重新压实区（“横三区”），如图 1-4 所示。

随着工作面的推进，“竖三带”和“横三区”也向前动态移动。这一规律直接影响煤岩层卸压以及瓦斯流动、储存和聚积。随着工作面的推进，顶板垮落，采空区的岩层出现由稳定到不稳定，再到稳定的过程。煤层开采后，受采动影响，在上覆岩层中形成两类裂隙：一类是离层裂隙；另一类为竖向破断裂隙。其中，离层裂隙是随岩层下沉在层与层之间出现的沿层面裂隙，它使煤层产生膨胀变形而使瓦斯卸压，并使卸压瓦斯沿其涌出，可沟通上、下岩层间瓦斯及水的通道。离层裂隙分布呈现两个阶段特征：第一阶段从开切眼开始，随着工作面推

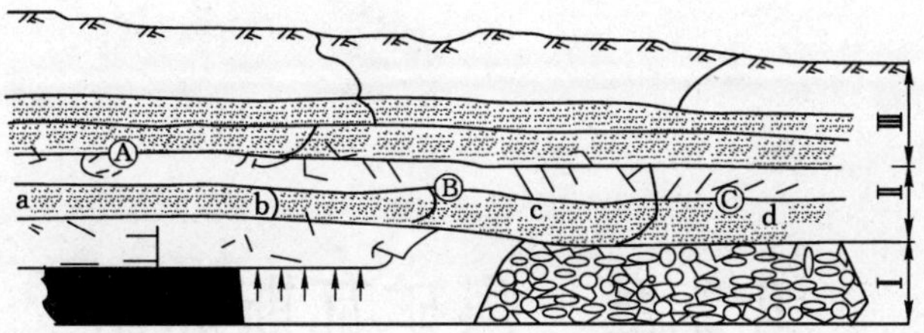

A—煤壁支撑影响区(a—b);B—离层区(b—c);C—重新压实区(c—d);

Ⅰ—垮落带;Ⅱ—裂缝带;Ⅲ—弯曲下沉带。

图 1-4　受采煤工作面采动影响上覆岩层移动的"横三区"与"竖三带"

进,离层裂隙不断增大,采空区中部离层裂隙最发育;第二阶段采空区中部离层裂隙趋于压实,离层率下降,而采空区两侧离层裂隙仍能保持。第二阶段时,位于采空区中部的离层裂隙基本被压实,而采空区四周存在一连通的离层裂隙发育区,称为采动裂隙"O"形圈。"O"形圈是随着工作面的推进而不断变化的,一定开采条件下的岩层的岩性、厚度、断块长度及层理是影响岩层离层裂隙分布的主要因素。只要有厚硬岩层存在,即使远离开采煤层处于所谓的弯曲下沉带内,也能产生较大的离层裂隙。采动裂隙"O"形圈的存在,为采空区瓦斯流动和储存提供了通道和空间,是采空区瓦斯聚积的地方,符合最优瓦斯汇集区域的基本条件。

目前,有关科研院校采用相似模拟、数值模拟和理论分析等方法,不断深入探索采动对煤层瓦斯卸压运移等规律的影响。煤层开采顺序、采高、顶底板应力及裂缝带分布状况都是采掘作业影响煤层瓦斯重新分布的重要因素。

第2章　煤矿瓦斯涌出

2.1　煤层瓦斯流动及涌出形式

2.1.1　煤层瓦斯流动规律

当煤层被开采后，煤体被破碎且破碎煤体处的瓦斯压力突然降至与矿井的大气压力相等。随着煤体破碎逐渐向深部发展，煤体内瓦斯赋存的平衡状态受到破坏，从而产生瓦斯压力梯度。储存在煤体内的瓦斯就会在瓦斯压力的作用下，逐步从高压区向低压区流动涌入采掘空间，这种现象叫煤层瓦斯流动。

煤层内瓦斯流动的空间称为流场。在流场内瓦斯流动具有一定的方向和速率，瓦斯流动的方向与瓦斯压力梯度方向相反。

研究煤层瓦斯流动规律可以确定瓦斯涌出量，能够预防煤层瓦斯突出、瓦斯积聚和瓦斯爆炸等恶性事故，对保证煤矿的安全生产具有重要意义，而且也有利于煤层气开发利用和确定矿井合理配风量。因此，研究掌握煤层瓦斯流动规律具有重要的现实意义。

2.1.1.1　煤层瓦斯流场的分类

按空间内煤层瓦斯流动方向来划分，瓦斯流场基本上有 3 种形式：单向流场、径向流场和球向流场。

(1) 单向流场

在 x,y,z 三维空间内，只有 1 个方向有速度，其他 2 个方向速度为零。例如，薄、中、厚煤层中的煤巷与采煤工作面煤壁内的瓦斯流场就属于单向流场，如图 2-1(a)所示。

(2) 径向流场

在 x,y,z 三维空间内，只有 2 个方向有分速度，第 3 个方向的分速度为零。例如，石门、竖井、钻孔垂直穿透煤层时，在煤壁内的瓦斯流场就属于径向流场，如图 2-1(b)所示。

(3) 球向流场

在 x,y,z 三维空间内，3 个方向都有分速度。例如，在厚煤层煤巷的掘进工作面煤壁内、钻孔或石门进入煤层时以及从采落的煤块中涌出瓦斯的流场都属于球向流场，如图 2-1(c)所示。

上述 3 种流场是基本形式，实际井巷煤壁内的瓦斯流场是复杂的，是几种流场的综合场。例如，半煤岩巷掘进工作面的煤壁内近似为径向流场，而掘进过的巷道则为单向流场。

2.1.1.2　流场的稳定性分类

按流场随时间有无变化，可分为稳定流场和非稳定流场两类。稳定流场中任何一点的流速和瓦斯压力不随时间而变化，非稳定流场情形则相反。严格来说，煤层暴露初期的瓦斯流场都是非稳定流场(因为瓦斯来自流场煤体本身)，其煤体瓦斯含量(或瓦斯压力)随时间

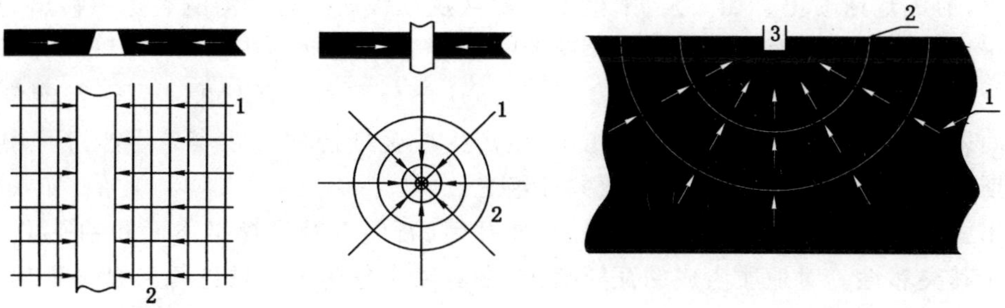

(a) 单向流场　　(b) 径向流场　　(c) 球向流场

1—瓦斯流向;2—瓦斯压力等值线;3—揭露煤层的井巷。

图 2-1　瓦斯流场分类图

而变化。图 2-2 为某掘进巷道煤壁内瓦斯含量实测数据,从图中可以看出:在掘进后初期,非稳定流场内瓦斯含量变化较剧烈;随后瓦斯含量逐渐趋于稳定,在掘进后 150 天时,趋于稳定流场。

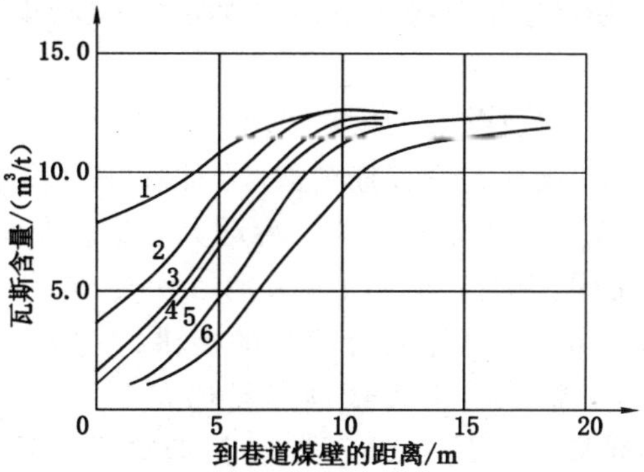

1—掘进后几小时;2—掘进后 4 天;3—掘进后 10 天;

4—掘进后 15 天;5—掘进后 55 天;6—掘进后 150 天(稳定)。

图 2-2　非稳定流场(掘进巷道煤壁内瓦斯含量实测数据)

2.1.2　煤层瓦斯涌出形式及特点

(1) 正常式瓦斯涌出

从煤层、岩层以及采落的煤(矸石)中按一定的规律比较均匀地释放出瓦斯即正常式瓦斯涌出,这是煤层瓦斯涌出的主要形式。

(2) 喷出式瓦斯涌出

大量瓦斯在压力状态下从肉眼可见的煤、岩裂缝及空洞中集中涌出即喷出式瓦斯涌出。它一般都伴随有声响效应,如吱吱声、哨声、水的沸腾声等。目前还缺乏鉴别瓦斯喷出的定量标准。一般认为,在正常通风条件下,短时间内很快使巷道瓦斯浓度严重超限,并持续一定时间的瓦斯涌出属于瓦斯喷出。

喷出式瓦斯涌出有大量可积聚游离瓦斯的瓦斯源。按不同生成类型,瓦斯喷出源有两种:地质生成瓦斯源和生产生成瓦斯源。地质生成瓦斯源是指喷出的瓦斯来自成煤地质过程中,大量瓦斯积聚在地质裂缝和空洞内,当采掘作业揭露这些地层时,瓦斯就从裂隙和空洞中涌出，形成瓦斯喷出。如阳泉、中梁山等矿区从顶板石灰岩的溶洞裂隙中喷出的大量瓦斯就属于地质生成瓦斯源。生产生成瓦斯源是指受开采松动卸压的影响，开采层邻近的煤层卸压使吸附瓦斯大量解吸形成的游离瓦斯，而这部分游离瓦斯积聚达到一定能量时便会冲破层间岩石向回采空间喷出。应该指出，生产生成瓦斯源属于在煤矿生产过程中形成的二次瓦斯积聚，生产人员必须时刻注意并杜绝之。

喷出式瓦斯涌出可以发生在各类井巷，如井筒、石门以及采煤工作面和钻孔中，它的危险性在于其突然性。对地质生成的瓦斯喷出，在有喷出危险的区域进行采掘作业时，应加强地质工作，如打前探钻孔、排瓦斯钻孔，加大危险区域的风量，将喷出的瓦斯直接引入回风巷或抽采瓦斯管路内，严禁工作面之间的串联通风。对生产生成的瓦斯喷出，在开采近距离保护层时，必须加强回采初期被保护层卸压瓦斯的抽采，如加密钻孔等；同时应做好顶板控制工作，当悬顶过长时，应人工强制放顶，防止生产过程中形成二次瓦斯积聚。

(3) 矿井动力现象引发的瓦斯涌出

矿井动力现象(如冲击地压等)发生时会引发煤岩体突然变形、移动。在煤岩体变形、移动过程中，这部分煤岩体内所赋存的承压瓦斯就会卸压解吸，并沿变形产生的裂隙涌入回采空间，形成瓦斯突然涌出。如辽宁阜新孙家湾海州立井“2·14”事故的瓦斯源就是冲击地压引发的瓦斯突然异常涌出。

(4) 煤(岩)与瓦斯(二氧化碳)突出式瓦斯涌出

煤(岩)与瓦斯(二氧化碳)突出是含瓦斯的煤、岩体在压力作用下，破碎的煤、岩体和瓦斯从煤、岩体内部突然向采掘空间大量抛出的一种动力现象。在突出过程中，瞬间瓦斯涌出量及总的瓦斯涌出量是非常惊人的。如我国最大的一次突出——1975 年 8 月 8 日天府矿务局三汇坝一矿主平硐爆破揭露 6 号煤层时发生的突出，在突出后 1 h 实测瞬间瓦斯涌出量达 3 960 m^3/min，在突出后 2.75 h 时瓦斯涌出量仍有 35 m^3/min，在这期间总计瓦斯涌出量为 1.4×10^6 m^3，抛出煤炭及岩石共 12 780 t。河南郑州大平煤矿“10·20”事故就是煤与瓦斯突出造成的。

上述 4 类煤层瓦斯涌出的流动性质、表现方式及管理防治措施是各不相同的。正常式瓦斯涌出可以用煤层瓦斯流动理论的有关数学模型来描述解算，在大多数情况下，可以认为煤壁瓦斯涌出属于平面单向不稳定瓦斯流动类型，防治的基本措施是采用通风的方法稀释风流浓度或采用抽采方式减少瓦斯向巷道涌出。喷出式瓦斯涌出是一种局部性的异常瓦斯涌出，只要能及时预见瓦斯积聚源，并把积聚的瓦斯引入回风系统或抽采瓦斯管路系统，就能消除瓦斯喷出的危害。冲击地压等矿井动力现象引发的瓦斯涌出和煤(岩)与瓦斯(二氧化碳)突出式瓦斯涌出是极其复杂的现象，对煤矿安全生产危害极大，须采取专门的防治措施进行治理。

2.1.3 瓦斯涌出量的主要影响因素

2.1.3.1 自然因素

(1) 地质构造

地质构造直接控制着瓦斯的储集和排放条件。煤层受构造挤压作用其塑性明显增加，吸附瓦斯能力大大增强。

① 褶皱。控制煤层中瓦斯保存的岩层经过褶皱作用后，在褶皱的不同部位围岩封闭瓦斯能力具有较大的差别。在背斜轴部节理以张性为主，围岩封闭瓦斯的能力明显减弱；在向

斜轴部，节理以压性或压扭性为主，围岩封闭瓦斯的能力明显增强。在褶皱两翼，主要发育的是两组扭性节理，所以，该部位围岩封闭瓦斯的能力介于背斜轴部和向斜轴部之间。

② 断层。断层对煤层瓦斯涌出量有性质上截然不同的两种影响：开放性断层是煤层瓦斯排放的通道，受采动影响时瓦斯涌出量小；封闭性断层本身的透气性差，且能割断深部煤层与地表的联系，往往使封闭段的煤层瓦斯含量增加，受采动影响时瓦斯涌出量大。

③ 岩浆活动。岩浆活动对煤层瓦斯涌出量的影响较复杂。在岩浆接触变质和热力变质作用的影响下，煤能第二次生成瓦斯，且受岩浆活动影响区域煤变质程度提高，吸附瓦斯能力增强，这些将使受岩浆活动影响区域煤层的瓦斯涌出量增大。

(2) 水文地质条件

地下水与瓦斯共存于含煤岩系及围岩之中，其运移、赋存都与煤层和岩层的孔隙、裂隙通道有关。地下水对瓦斯的影响主要表现在：地下水的流动有助于瓦斯的排放，地下水可以溶解瓦斯并将其带走；水吸附在煤层裂隙的表面，可减弱煤层对瓦斯的吸附能力，水分充填孔隙会排挤掉游离状态的瓦斯。这两方面的原因使煤层瓦斯涌出量降低。

(3) 围岩性质

煤层的顶底板岩性直接影响煤层瓦斯的保存，尤其是顶板岩性，天然气藏的形成必须具备生、贮、盖三方面的良好条件。煤层的顶底板岩性在一定程度上也影响煤层内瓦斯的赋存：当顶板岩性属砂岩，特别是裂隙发育的砂岩时，煤层内赋存的瓦斯就相对较少，但也有相反的情况；顶板为透气性差的泥岩，封闭瓦斯的性能较好，煤层内赋存的瓦斯就相对较多。

(4) 煤变质程度

从大量统计资料可以得出，煤层瓦斯涌出量随着煤变质程度的增加而有规律地增长。煤变质程度对瓦斯含量的影响主要表现在两方面：一方面，随着煤变质程度的增加，瓦斯生成量逐渐增加，到无烟煤阶段达最大值，变质成无烟煤累计产出瓦斯量可达 4 000 m^3/t；另一方面，随着煤变质程度的增加，煤层的瓦斯吸附量不断增大，到无烟煤阶段可达 40 m^3/t。

(5) 煤层埋藏深度

煤层埋藏深度控制着瓦斯的总体分布，随着埋藏深度的增加，煤层瓦斯含量增大。采掘活动进入瓦斯带后，随开采深度的增加，瓦斯涌出量有规律地增加，整个煤田埋藏深度控制着瓦斯涌出量。

通过研究晋能集团马堡煤业有限公司 8 号和 15 号煤层埋藏深度与瓦斯含量的关系(见图 2-3 和图 2-4)可得瓦斯含量梯度为：8 号煤层为 0.023 0 $m^3/(t \cdot m)$，15 号煤层为0.021 6 $m^3/(t \cdot m)$。

(6) 大气压力

抚顺老虎台矿 2005 年 3 月发生的 18 次瓦斯超限中，有 8 次是大气压力下降引起的，另外几次则是安放设备引起的。安放设备引起的瓦斯超限时间很短，只有 1～3 min，而大气压力下降引起的瓦斯超限持续的时间往往很长，最长的 1 次达 190 min。图 2-5 为三元煤业股份有限公司 2305 综放工作面大气压力与瓦斯浓度关系图，可以得出大气压力变化会影响 3 号煤层采用放顶煤开采工艺条件下工作面瓦斯涌出量的结论；同时，还可得出大气压力与瓦斯涌出量呈负相关关系，即大气压力大幅度降低，瓦斯涌出量增大(宏观上表现为瓦斯浓度的升高)。

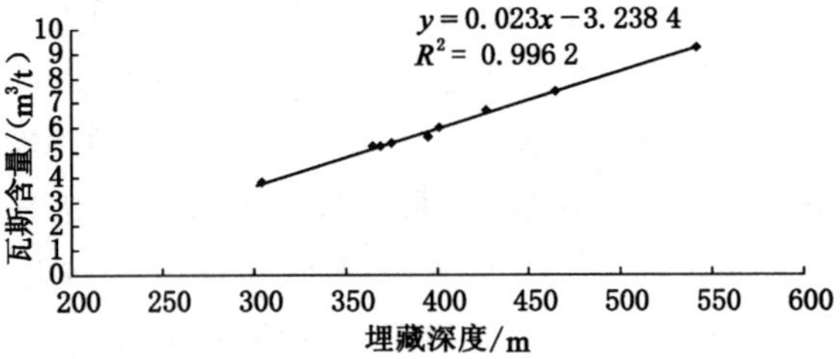

图 2-3　马堡煤业有限公司 8 号煤层瓦斯含量与埋藏深度之间的关系散点分布及回归直线图

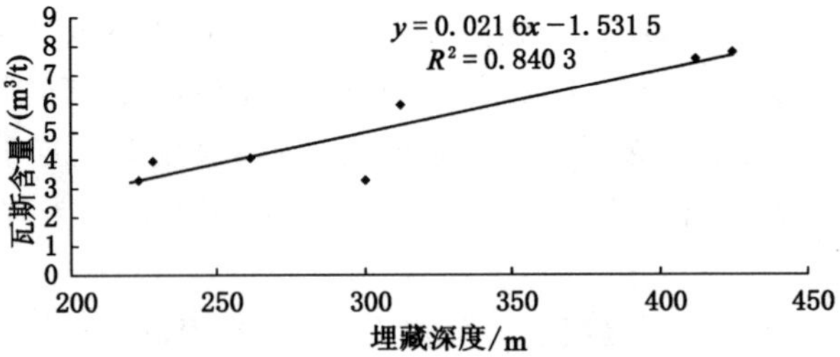

图 2-4　马堡煤业有限公司 15 号煤层瓦斯含量与埋藏深度之间的关系散点分布及回归直线图

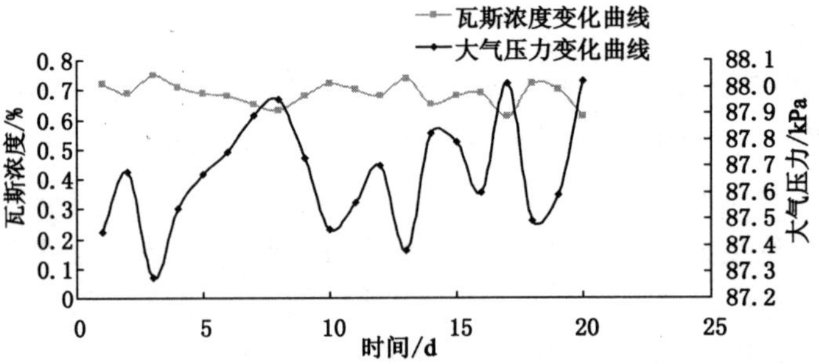

图 2-5　2305 综放工作面大气压力与瓦斯浓度关系图

2.1.3.2　生产技术因素

(1) 生产工序

目前已有大量研究表明,生产工序与工作面瓦斯涌出量存在必然关系,且与生产工序中的采煤机组的工作状态和在工作面的位置的关系最为密切。当采煤机从回风巷向运输巷方向割煤时,工作面瓦斯涌出量逐渐减少。受研究条件所限,只能从宏观上对生产班和检修班工作面瓦斯涌出情况进行分析。

图 2-6 为石泉煤矿 3101 工作面回风巷在不同生产工序条件下瓦斯浓度监测结果曲线图。从图中可以得出,3101 工作面生产班平均瓦斯涌出量是检修班(16:00—24:00)平均瓦斯涌出量的1.5～1.6 倍。

(2) 回采速度与产量

当回采速度不高时,绝对瓦斯涌出量与回采速度(日推进度)或产量成正比,即相对瓦斯涌出量保持常数;当回采速度较高时,相对瓦斯涌出量中开采层涌出分量与邻近层涌出分量

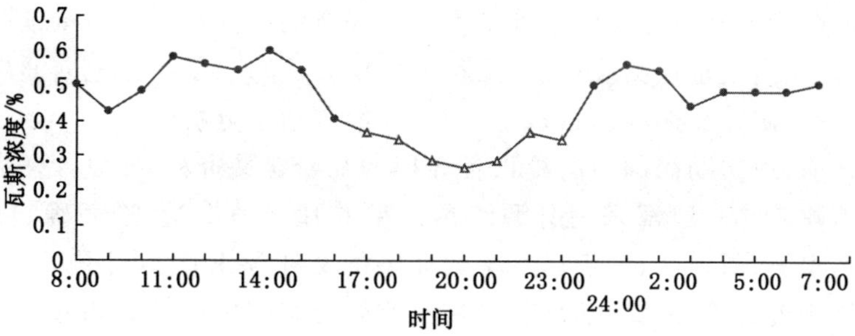

图 2-6　石泉煤矿 3101 工作面生产工序与瓦斯浓度关系图

都相对减小，即相对瓦斯涌出量有所降低，因此，绝对瓦斯涌出量随回采速度或产量的增加而增高量低于线性增量。在安全高效工作面的实测结果表明，快采必须快运(为此在采煤机上安装犁煤板，将采落煤炭及时运出，减少其在工作面停留排放瓦斯时间)，这可明显减少瓦斯涌出量。

(3) 落煤工艺与基本顶来压步距

落煤工艺和基本顶来压步距对瓦斯涌出量的峰值与波动即瓦斯涌出不均衡系数有显著影响，不仅影响绝对瓦斯涌出量，而且在一定程度上影响相对瓦斯涌出量。采用浅截深的连续落煤工艺和缩短基本顶来压步距都能显著减小瓦斯涌出不均衡系数。据统计，与正常平均瓦斯涌出量相比，风镐落煤时瓦斯涌出量增大到 1.1～1.3 倍，爆破落煤时为 1.4～2.0 倍，采煤机采煤时为 1.3～1.6 倍，水枪落煤时为 2～4 倍。

(4) 通风压力与采空区密闭质量

通风压力与采空区密闭质量对老采空区的瓦斯涌出量都有一定影响。通风压力小、采空区密闭质量好，可减小老采空区瓦斯涌出不均衡系数及涌出量，这对老矿井具有很大意义。表 2-1 给出了辽源矿业(集团)有限责任公司太信一井通风负压与矿井瓦斯涌出量的关系，从中可知，低负压可减少矿井的瓦斯涌出量。

表 2-1　太信一井通风负压与矿井瓦斯涌出量关系表

矿井通风负压/Pa	1 668	1 619	1 472	1 373	1 275
矿井瓦斯涌出量/(m^3/min)	22.6	21.9	21.6	20.9	19.6
测定月份	1月	2月	3月	4月	5月

(5) 采场通风系统

根据进、回风巷是在煤体内还是在采空区内维护，可把采场通风系统划分为 4 种基本类型："进回皆煤"型、"进回皆空"型、"进煤回空"型和"进空回煤"型。不论采用哪种通风系统，从开采层涌出的瓦斯几乎都是进入采场的；而邻近层的瓦斯可能是一部分进入采场，也可能是全部进入采场。此外，由于采空区瓦斯被风流带走的难易程度不同，4 种类型的通风系统瓦斯涌出量会有很大差别，当邻近层瓦斯涌出量大时尤甚。

2.2　矿井瓦斯涌出量预测

新矿井、新水平和新采区投产前，都应进行矿井瓦斯涌出量预测，这是矿井通风设计、瓦斯抽采设计和瓦斯管理必不可少的基础工作。将现有的矿井瓦斯涌出量预测方法概括为三大类：一是矿井瓦斯涌出量预测统计法（简称矿山统计法）；二是矿井瓦斯涌出量分源预测法（简称分源法）；三是矿井瓦斯涌出量数学分析法（简称数学分析法）。

新矿井设计前，地质勘探部门应提供各煤层的瓦斯含量资料，在设计任务书中确定矿井瓦斯等级。对新建矿井一般都采用分源法预测矿井瓦斯涌出量，进而确定矿井瓦斯等级。对生产矿井的新水平、新采区，由于已具备较完整的瓦斯涌出量实测资料，可以采用矿山统计法和数学分析法进行矿井瓦斯涌出量预测。此处介绍矿山统计法和分源法预测矿井瓦斯涌出量。

2.2.1 矿山统计法预测矿井瓦斯涌出量

矿山统计法的实质是：根据生产矿井积累的实测瓦斯资料，经过统计分析，得出矿井瓦斯涌出量随开采深度的变化规律，并用来推算新水平、新采区或邻近新矿井的瓦斯涌出量。

2.2.1.1 使用矿山统计法应具备的条件

① 预测新水平、新采区或邻近新矿井瓦斯涌出量时，这些区域的矿山技术条件和地质条件应与已生产区域相似，如煤层赋存条件、煤质、煤层开采顺序、采煤方法、顶板控制方法、煤系地层岩性和地质构造等。

② 预测瓦斯涌出量的外推范围，一般沿垂深不超过 100～200 m，沿煤层倾斜方向不超过 600 m，沿走向应是中间无大的地质构造的相邻区。

③ 在瓦斯带内，最少应具有 2 个已采水平的瓦斯资料；或者在瓦斯带内有 1 个已采水平的瓦斯资料，但已知瓦斯风化带的深度，在该深度处的相对瓦斯涌出量取 2 m^3/t。

④ 由于该预测法是以相对瓦斯涌出量作为依据的，所以在统计预测中必须采用产量较稳定时的矿井瓦斯涌出量测定资料。

2.2.1.2 矿山统计法的工作步骤及计算方法

矿井相对瓦斯涌出量与开采深度的关系采用式(2-1)表示：

$$q = \frac{H - H_0}{\alpha} + 2 \tag{2-1}$$

式中 q ——矿井相对瓦斯涌出量，m^3/t；

H ——开采深度，m；

H_0 ——瓦斯风化带深度，m；

α ——相对瓦斯涌出量随开采深度的变化梯度，$m/(m^3/t)$。

(1) α 的确定

① 当有瓦斯风化带以下 2 个水平的实际相对瓦斯涌出量资料时，α 由式(2-2)确定。

$$\alpha = \frac{H_2 - H_1}{q_2 - q_1} \tag{2-2}$$

式中 H_2 ——瓦斯带内二水平的开采深度，m；

H_1 ——瓦斯带内一水平的开采深度，m；

q_2 ——在 H_2 深度开采时相对瓦斯涌出量，m^3/t；

q_1 ——在 H_1 深度开采时相对瓦斯涌出量，m^3/t。

② 当有瓦斯风化带以下多个水平的实际相对瓦斯涌出量资料时，α 的加权平均值由式(2-3)确定：

$$\alpha = \frac{\sum_{i=1}^{n} q_i H_i - n \sum_{i=1}^{n} H_i \sum_{i=1}^{n} q_i}{n \sum_{i=1}^{n} q_i^2 - \left(\sum_{i=1}^{n} q_i\right)^2} \tag{2-3}$$

式中　H_i ——第 i 水平的开采深度，m；

q_i ——第 i 水平的相对瓦斯涌出量，m^3/t；

n ——统计的开采水平个数。

(2) H_0 的确定

① 可由式(2-4)确定：

$$H_0 = H_1 - \alpha(q_1 - 2) \tag{2-4}$$

式中，符号含义同前。

② 根据实测煤层瓦斯基本参数确定。瓦斯风化带的下部边界参照下列条件确定：

——甲烷及重烃的浓度之和占气体组分的 80%(体积分数)。

——瓦斯压力 p=0.1～0.15 MPa。

——相对瓦斯涌出量 q_{CH_4}=2～3 m^3/t。

——煤层的瓦斯含量：

- W=1.0～1.5 m^3/t(长焰煤)；
- W=1.5～2.0 m^3/t(气煤)；
- W=2.0～2.5 m^3/t(肥煤、焦煤)；
- W=2.5～3.0 m^3/t(瘦煤)；
- W=3.0～4.0 m^3/t(贫煤)；
- W=5.0～7.0 m^3/t(无烟煤)。

③ 当矿井相对瓦斯涌出量与开采深度之间不呈线性关系时，即 α 不是常数，应首先根据实测资料确定 α 随开采深度的变化规律，然后再进行预测。

2.2.1.3　*矿山统计法预测矿井瓦斯涌出量的应用*

采用矿山统计法预测淮北矿业(集团)有限责任公司朔里煤矿矿井瓦斯涌出量。利用该矿井历年生产过程中积累的实际相对瓦斯涌出量数据，计算出某一统计时期不同开采深度下的矿井相对瓦斯涌出量，见表 2-2。绘制出矿井相对瓦斯涌出量与开采深度之间的关系，如图 2-7 所示。

表 2-2　朔里煤矿相对瓦斯涌出量与开采深度关系统计表

开采深度/m	300	310	340	360	400	410	440	470
相对瓦斯涌出量/(m^3/t)	10.6	11.0	11.6	13.5	14.2	14.5	15.5	16.0

根据图 2-7 中的回归直线，可计算出该矿的相对瓦斯涌出量随开采深度的变化梯度 α=1/0.032 5=30.77 [m/(m^3/t)]。这表明在该矿井瓦斯带内，开采深度每增加 30.77 m，相对瓦斯涌出量增加 1 m^3/t。

根据相对瓦斯涌出量随开采深度的变化梯度，可按下式预测矿井相对瓦斯涌出量 q：

$$q = q_0 + \frac{H - H_0}{\alpha} \tag{2-5}$$

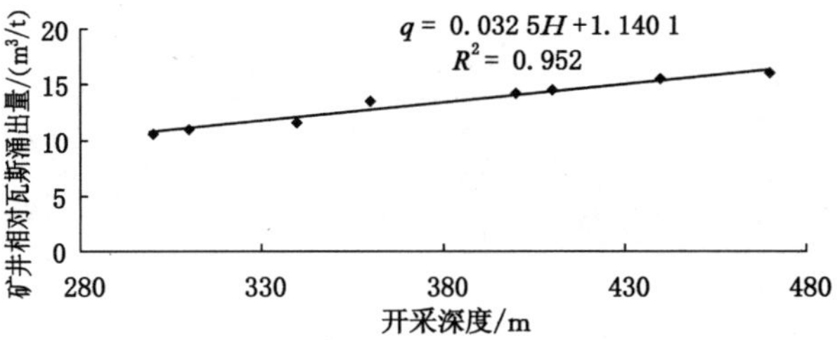

图 2-7　朔里煤矿矿井相对瓦斯涌出量与开采深度之间的关系

式中　q_0——瓦斯带内某一开采深度的相对瓦斯涌出量，m^3/t；

H_0——对应 q_0 的开采深度，m；

H——预测矿井相对瓦斯涌出量 q 对应的开采深度，m。

2.2.2　分源法预测矿井瓦斯涌出量

分源法实质是按照矿井生产过程中瓦斯涌出源、各个瓦斯涌出源瓦斯涌出量来预测矿井、采区、采煤工作面和掘进工作面的瓦斯涌出量。各个瓦斯涌出源瓦斯涌出量是以煤层瓦斯含量、瓦斯涌出规律及煤层开采技术条件为基础计算确定的。

含瓦斯煤层开采时，受采动影响，赋存在煤层及围岩中的瓦斯平衡状态遭到破坏，破坏带内的瓦斯在瓦斯压力的作用下沿着裂隙、孔隙通道涌入回采空间。井下涌出瓦斯的地点，即瓦斯涌出源。根据煤炭科学研究总院抚顺分院多年研究，矿井瓦斯涌出的源、汇关系如图 2-8 所示。

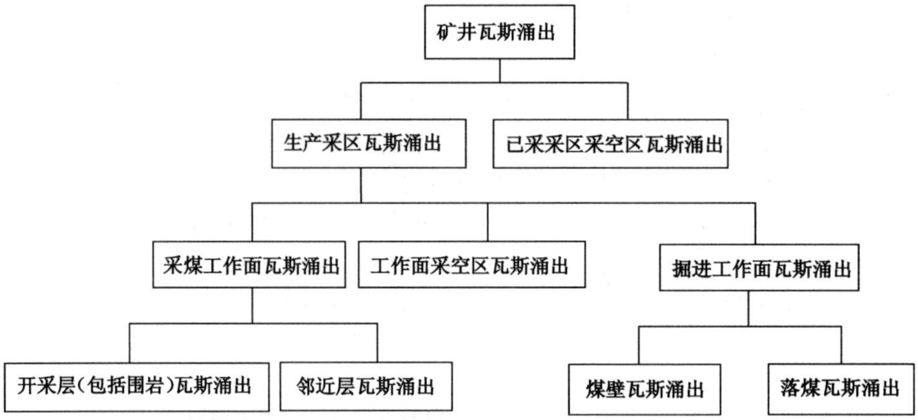

图 2-8　矿井瓦斯涌出的源、汇关系图

2.2.2.1　使用分源法应具备的条件

① 矿井采掘设计说明书、开拓系统图、开采系统图、采掘比、采掘接替计划、采煤方法、通风方式；煤层开采顺序、配采关系、掘进巷道断面、煤巷平均掘进速度；矿井、采区、采煤工作面及掘进工作面产量。

② 矿井地质报告、地层剖面图、柱状图以及各煤层和煤夹层的厚度、层间距与顶底板岩性。

③ 煤层瓦斯含量测定结果、瓦斯风化带深度及瓦斯含量等值线图。

④ 煤的工业分析指标(灰分、水分、挥发分和密度)和煤种。

2.2.2.2 分源法预测步骤及计算方法

(1) 采煤工作面瓦斯涌出量

采煤工作面瓦斯涌出量预测用相对瓦斯涌出量表达,以 24 h 为 1 个预测圆班,采用式(2-6)计算:

$$q_{采} = q_1 + q_2 \tag{2-6}$$

式中 $q_{采}$——采煤工作面相对瓦斯涌出量,m^3/t;

q_1——开采层相对瓦斯涌出量,m^3/t;

q_2——邻近层相对瓦斯涌出量,m^3/t。

① 开采层相对瓦斯涌出量。

a. 薄及中厚煤层一次采全高开采时,开采层相对瓦斯涌出量采用式(2-7)计算:

$$q_1 = K_1 K_2 K_3 \frac{m}{M}(W_0 - W_c) \tag{2-7}$$

式中 K_1——围岩瓦斯涌出系数:K_1 选取范围为 1.1~1.3,全部垮落法管理顶板,碳质组分较多的围岩,$K_1=1.3$;局部充填法管理顶板,$K_1=1.2$;全部充填法管理顶板,$K_1=1.1$;泥岩等致密性围岩,K_1 取值可偏小。

K_2——工作面丢煤瓦斯涌出系数,用回采率的倒数来计算。

K_3——采区内准备巷道预排瓦斯对开采层瓦斯涌出影响系数。

m——开采层厚度,m。

M——工作面采高,m。

W_0——煤层原始瓦斯含量,m^3/t。

W_c——煤层残存瓦斯含量,m^3/t。

b. 厚煤层分层开采时,开采层相对瓦斯涌出量采用式(2-8)计算:

$$q_1 = K_1 K_2 K_3 K_f (W_0 - W_c) \tag{2-8}$$

式中 K_f——取决于煤层分层数量和开采顺序的分层瓦斯涌出系数;

其他符号含义同前。

② 邻近层相对瓦斯涌出量。

邻近层相对瓦斯涌出量采用式(2-9)计算:

$$q_2 = \sum_{i=1}^{n}(W_{0i} - W_{ci})\frac{m_i}{M}\eta_i \tag{2-9}$$

式中 m_i——第 i 个邻近层煤层厚度,m;

M——工作面采高,m;

η_i——第 i 个邻近层瓦斯排放率,%;

W_{0i}——第 i 个邻近层煤层原始瓦斯含量,m^3/t,无实测值取开采层的值;

W_{ci}——第 i 个邻近层煤层残存瓦斯含量,m^3/t,无实测值取开采层的值。

(2) 掘进工作面瓦斯涌出量

掘进工作面瓦斯涌出量预测用绝对瓦斯涌出量表达,采用式(2-10)计算:

$$q_{掘} = q_3 + q_4 \tag{2-10}$$

式中 $q_{掘}$——掘进工作面绝对瓦斯涌出量,m^3/min;

q_3 ——掘进工作面巷道煤壁绝对瓦斯涌出量，m^3/min；

q_4 ——掘进工作面落煤绝对瓦斯涌出量，m^3/min。

① 掘进工作面巷道煤壁绝对瓦斯涌出量。

掘进工作面巷道煤壁绝对瓦斯涌出量采用式(2-11)计算：

$$q_3 = Dvq_0\left(2\sqrt{\frac{L}{v}} - 1\right) \tag{2-11}$$

式中 D ——巷道断面内暴露煤壁面的周边长度：对薄及中厚煤层，$D=2m$，m 为开采层厚度，m；对厚煤层，$D=2h+b$，h 和 b 分别为巷道的高度及宽度；

v ——巷道平均掘进速度，m/min；

L ——巷道长度，m；

q_0 ——煤壁瓦斯涌出强度，$m^3/(m^2 \cdot min)$，如无实测值可按式(2-12)计算：

$$q_0 = 0.026(0.000\,4V_{daf}^2 + 0.16)/W_0 \tag{2-12}$$

式中 V_{daf} ——煤中干燥无灰基挥发分含量，%；

W_0 ——煤层原始瓦斯含量，m^3/t。

② 掘进工作面落煤绝对瓦斯涌出量。

掘进工作面落煤绝对瓦斯涌出量采用式(2-13)计算：

$$q_4 = Sv\rho(W_0 - W_c) \tag{2-13}$$

式中 S ——掘进巷道断面积，m^2；

v ——巷道平均掘进速度，m/min；

ρ ——煤的密度，t/m^3；

W_0 ——煤层原始瓦斯含量，m^3/t；

W_c ——煤层残存瓦斯含量，m^3/t。

(3) 生产采区瓦斯涌出量

生产采区瓦斯涌出量采用式(2-14)计算：

$$q_{区i} = \frac{K'(\sum_{i=1}^{n} q_{采i}A_i + 1\,440\sum_{i=1}^{n} q_{掘i})}{A_{oi}} \tag{2-14}$$

式中 $q_{区i}$ ——第 i 个生产采区相对瓦斯涌出量，m^3/t；

K' ——生产采区内采空区瓦斯涌出系数，按表 2-3 选取；

$q_{采i}$ ——第 i 个采煤工作面相对瓦斯涌出量，m^3/t；

A_i ——第 i 个采煤工作面的日产量，t；

$q_{掘i}$ ——第 i 个掘进工作面绝对瓦斯涌出量，m^3/min；

A_{oi} ——第 i 个生产采区平均日产量，t。

(4) 矿井瓦斯涌出量

矿井瓦斯涌出量采用式(2-15)计算：

$$q_{井} = \frac{K''(\sum_{i=1}^{n} q_{区i}A_{oi})}{\sum_{i=1}^{n} A_{oi}} \tag{2-15}$$

式中　$q_{井}$——矿井相对瓦斯涌出量，m^3/t；

K''——已采采区采空区瓦斯涌出系数，按表 2-3 选取。

表 2-3　采空区瓦斯涌出系数 K'、K''值

采空区瓦斯涌出系数		煤层属性	取值范围	取值原则
生产采区	K'	单一煤层	1.20～1.35	1. 对通风管理水平较高、开采煤层厚度适中、丢煤较少、煤层层数较少的矿井（或采区），应取下限值； 2. 对通风管理水平较差、开采中厚以上煤层且煤层层数较多的矿井（或采区），应取上限值
		近距离煤层群	1.25～1.45	
已采采区	K''	单一煤层	1.15～1.25	
		近距离煤层群	1.25～1.45	

(5) 瓦斯涌出不均衡系数 K_n

瓦斯涌出不均衡系数为区域内最高瓦斯涌出量与平均瓦斯涌出量的比值。采煤工作面或掘进工作面瓦斯涌出不均衡系数 K_n 取 1.2～1.5 或实际计算值，矿井或采区瓦斯涌出不均衡系数 K_n 取 1.1～1.3 或实际计算值。

2.2.2.3　分源法预测矿井瓦斯涌出量的应用

采用分源法对中国神华能源股份有限公司神东煤炭分公司保德煤矿进行矿井瓦斯涌出量预测，预测结果见表 2-4、表 2-5 和表 2-6。

表 2-4　保德煤矿 8 号煤层采煤工作面瓦斯涌出量预测值

盘区名称	开采标高 (最小值～最大值 / 平均值) /m	设计产量 /(t/d)	瓦斯含量 (最小值～最大值 / 平均值) /(m^3/t)	相对瓦斯涌出量 (最小值～最大值 / 平均值) /(m^3/t)	绝对瓦斯涌出量 (最小值～最大值 / 平均值) /(m^3/min)
一盘区	+740～+776 / +758	20 000	1.50～2.66 / 2.06	0.27～0.79 / 0.53	3.80～10.92 / 7.36
二盘区	+450～+750 / +600	20 000	2.34～12.00 / 7.17	0.40～11.91 / 6.16	5.62～165.40 / 85.56
三盘区	+650～+776 / +713	20 000	1.50～5.56 / 3.53	0.27～4.24 / 2.26	3.80～58.88 / 31.39
四盘区	+450～+650 / +550	20 000	5.56～12.00 / 8.78	4.24～11.91 / 8.07	58.88～165.40 / 112.08
五盘区	+550～+750 / +650	20 000	2.34～8.78 / 5.56	0.40～8.07 / 4.24	5.62～112.14 / 58.89

注：表中仅对瓦斯风化带以下的区域进行了计算。

表 2-5　保德煤矿 8 号煤层掘进工作面瓦斯涌出量预测值

盘区名称	开采标高 (最小值～最大值 / 平均值) /m	瓦斯含量 (最小值～最大值 / 平均值) /(m³/t)	回采巷道长度/m	绝对瓦斯涌出量 (最小值～最大值 / 平均值)/(m³/min)
一盘区	+740～+776 / +758	1.50～2.66 / 2.06	2 500	2.68～4.84 / 3.76
二盘区	+450～+750 / +600	2.34～12.00 / 7.17	3 100	4.73～27.14 / 15.94
三盘区	+650～+776 / +713	1.50～5.56 / 3.53	3 200	3.09～12.38 / 7.74
四盘区	+450～+650 / +550	5.56～12.00 / 8.78	3 200	12.38～27.52 / 19.95
五盘区	+550～+750 / +650	2.34～8.78 / 5.56	4 200	5.43～22.27 / 13.85

注：表中仅对瓦斯风化带以下的区域进行了计算。

表 2-6　保德煤矿矿井瓦斯涌出量预测值

		一盘区	二盘区	三盘区	四盘区	五盘区
一盘区开采完毕	相对瓦斯涌出量/(m³/t)		1.08～10.74	0.86～4.66	3.15～10.78	1.15～7.93
	绝对瓦斯涌出量/(m³/min)		33.45～331.59	26.41～143.85	97.12～332.63	35.38～244.65
二盘区开采完毕	相对瓦斯涌出量/(m³/t)			1.12～13.56	4.41～19.68	1.41～16.83
	绝对瓦斯涌出量/(m³/min)			34.58～418.58	136.23～607.37	43.55～519.38
三盘区开采完毕	相对瓦斯涌出量/(m³/t)				4.19～13.60	1.18～10.75
	绝对瓦斯涌出量/(m³/min)				129.20～419.63	36.51～331.67
四盘区开采完毕	相对瓦斯涌出量/(m³/t)					4.48～16.86
	绝对瓦斯涌出量/(m³/min)					138.17～520.43

表 2-7 为已采盘区部分采煤工作面瓦斯涌出量预测结果与对应工作面瓦斯涌出量实测值、矿井瓦斯涌出量预测结果与对应时间矿井瓦斯涌出量实测值的对比情况。由表 2-7 可以看出，预测相对误差为－2.33%～15.38%，预测准确率较高，可以满足矿井的生产要求。

表 2-7　保德煤矿瓦斯涌出量预测值与实测值对比表

名　称	开采标高/m	瓦斯含量/(m^3/t)	相对瓦斯涌出量/(m^3/t)		预测相对误差/%
			预测值	实测值	
88201 综采工作面	+735	2.82	2.10	2.15	−2.33
88202 综采工作面	+720	3.30	2.76	2.47	11.74
矿井(2003 年)			3.75	3.25	15.38

2.2.3　矿井瓦斯涌出量等值线图绘制

矿井瓦斯涌出量等值线图是根据各个已采区的瓦斯涌出量统计资料，以及深部水平各个采区、工作面的瓦斯涌出量预测结果绘制而成的。即把统计值及预测值标在矿井采掘工程平面图上，然后把各瓦斯涌出量相同的点连接起来，经过一定的技术处理，就可形成矿井瓦斯涌出量等值线图。

在矿井瓦斯涌出量等值线图上，可以较直观地看出煤层走向及倾向上瓦斯涌出量的变化情况，对矿井安全生产、瓦斯管理有重要的指导意义。瓦斯涌出量等值线的外推范围应根据各种预测方法的精度来确定。绘制矿井瓦斯涌出量等值线图的方法有手工编绘和计算机自动绘制两种。

2.2.3.1　手工编绘

将矿井采掘工程平面图上所标出的瓦斯涌出量数值(一般都取整数)相同的点用一连续曲线光滑连接，即可得出等值线。当瓦斯涌出量与深度之间存在良好的函数关系时，可利用这一函数表达式确定某一整数值涌出量(如 5 m^3/t，10 m^3/t，…，25 m^3/t 等)所处的深度位置。当瓦斯涌出量与深度之间不存在函数关系时，可用内插与外推相结合的方法，来确定某一需要点的深度位置。

在进行矿井瓦斯涌出量等值线图的编绘时，如遇到断层、陷落柱，等值线可不连续，但在图中应予以反映。当外推瓦斯涌出量时，在一定深度范围内，可认为瓦斯涌出量与深度之间呈线性关系；当煤层产状平稳时，瓦斯涌出量等值线大致与煤层底板等高线或基岩深度等厚线平行；在封闭性断层处，瓦斯涌出量有增大的趋势，在开放性断层处则相反；在地质构造复杂地带，煤层瓦斯可能局部积聚，形成瓦斯富集区。

马堡煤业有限公司二采区 8 号煤层开采期间瓦斯涌出量等值线预测图，如图 2-9 所示。马堡煤业有限公司二采区 8 号煤层产状平稳，不可采邻近层很多，工作面瓦斯涌出量(含邻近层瓦斯涌出量)很大，瓦斯涌出量与埋藏深度呈线性关系，瓦斯涌出量等值线图较规整。

2.2.3.2　计算机自动绘制

随着计算机技术在煤矿生产中的应用普及，用计算机绘制矿井瓦斯涌出量等值线图已成为可能，它可以提高绘制图件的速度、精度，使图形更合理、美观。为了实现用计算机绘制矿井瓦斯涌出量等值线图，煤炭科学研究总院抚顺分院经过研究，解决了计算机绘图过程中的一些关键技术问题，制定了绘图的方法与程序。该方法的主要内容如下：

① 采用趋势面法模拟瓦斯地质参量的分布规律，并对趋势面模拟结果进行优化，根据拟合度、复相关系数和检验值这 3 个数学特征参数选出最优趋势面模型。

② 选用矩形网格剖析法，将趋势面模拟所得到的各离散点的剩余值，分配到各矩形节

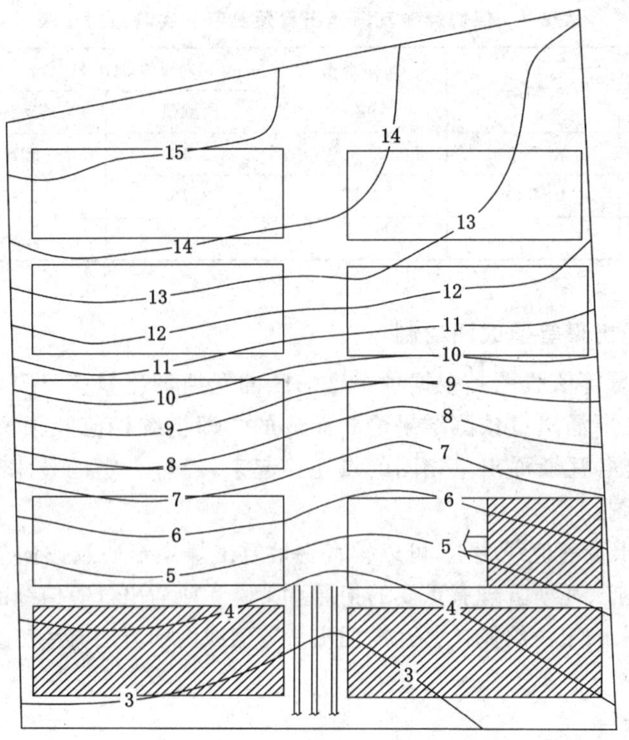

图 2-9　马堡煤业有限公司二采区 8 号煤层瓦斯涌出量等值线预测图(单位:m^3/t)

点的趋势值上,则各网格节点上的数值为该节点上的趋势值和分配到的剩余值的算术和。经实验确定,网格步距不应大于控制点平均间距的 1/4,这样可以获得良好的绘图效果。

③ 等值线的绘制。绘制等值线时,应先确定等值线的起止点。不闭合等值线的起止点位于绘制区域边界,闭合等值线的起止点应重合在绘图区域内。为实现等值线在网格中的跟踪游动,必须对绘图区域内的网格棱边与等值线是否相交进行判别,并形成交点记录,从而进行跟踪扫描,求出等值线的交点坐标。将等值线跟踪得到的一系列离散的等值点,用光滑曲线连接起来,并通过绘图仪输出成连续状态的等值线。对上述各步骤都已编制相应的软件程序。

④ 等值线图的绘制。用计算机绘制等值线图的流程如图 2-10 所示。该绘图系统软件包括以下内容及功能:a. 原始数据坐标转换;b. 趋势面分析及优化;c. 屏幕图形自动绘制;d. 绘图数据文件生成;e. 瓦斯地质图件绘制。

为了解决等值线图的重复绘制问题,研制了 AutoCAD 接口软件。

用计算机绘制矿井瓦斯涌出量等值线图与手工编绘相比,外推能力好、主观随意性小;预测结果更接近实际,准确性更高;图幅质量高,图面清晰美观,不存在人为误差,并可选用不同的线型及颜色;图形重复性好,可无限重复绘制同一图件。

为了解决不规则区域、特殊地质构造区域的等值线绘制问题,计算机绘制采取了其他措施。对不规则区域、无煤带、陷落柱、小断层等采用矩形条带法;对落差在 50 m 以上的大中型断层,采用分区控制绘图等方法。这些方法都能取得较满意的结果。

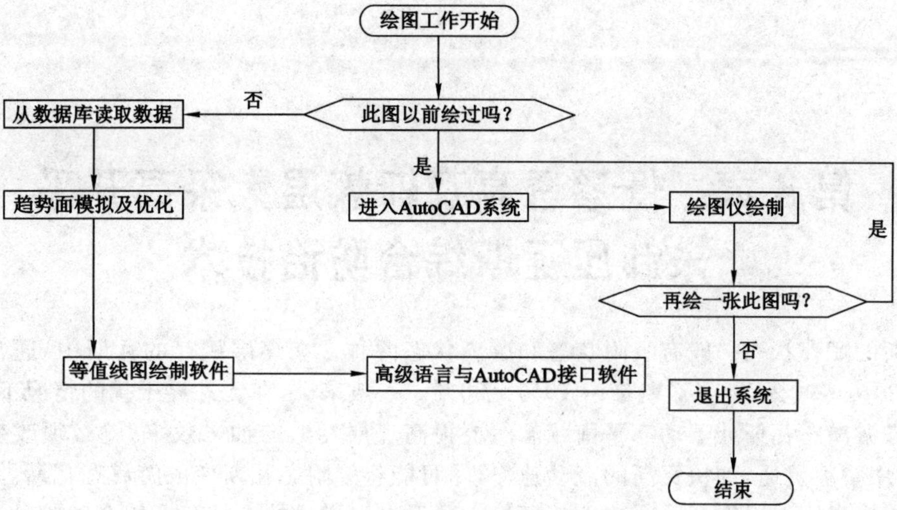

图 2-10　计算机绘制等值线图流程

第3章　低渗透高瓦斯煤层大采高开采未卸压瓦斯综合防治技术

瓦斯的赋存状态一般有吸附状态和游离状态两种。在煤层赋存的瓦斯中，通常吸附瓦斯量占80%～90%，游离瓦斯量占10%～20%。一般来讲，在无外界干扰的情况下，煤层中吸附态和游离态瓦斯处于动态平衡状态。要提高煤层瓦斯的抽采效率，就必须改变煤层结构，使煤中裂隙贯通，加快瓦斯的流动速率，尽可能将吸附态瓦斯变成游离态瓦斯。因此，低渗透高瓦斯煤层大采高开采合理选择预抽方法及煤层增透技术是瓦斯综合防治的关键。

3.1　低渗透高瓦斯煤层大采高开采瓦斯预抽技术

煤层瓦斯预抽是指在煤巷及采煤工作面等位置施工不同布置方式的钻孔抽采瓦斯，目的是减少掘进或回采过程中的瓦斯涌出量。钻孔预抽瓦斯是低渗透高瓦斯煤层大采高开采瓦斯预抽的常用方式。常见的钻孔布置方式有顺层交叉钻孔和定向区域钻孔等。

3.1.1　顺层交叉钻孔瓦斯预抽技术

3.1.1.1　*顺层交叉钻孔瓦斯预抽技术原理*

顺层交叉钻孔预抽煤层瓦斯的方法是顿巴斯和卡拉干达矿区最先提出并付诸实践的。我国在焦作煤业(集团)有限责任公司九里山矿进行了煤矿首次顺层交叉钻孔预抽低透气性煤层瓦斯试验，获得了极大的成功，在不增加任何工程量的条件下，顺层交叉钻孔较平行钻孔可提高瓦斯抽采量0.56%～0.83%。

在同一煤层区域施工两个相邻的、大小相同的钻孔，由单一钻孔周围的切向应力分布衰减情况可知，切向应力有一个剧烈的影响范围，一般以超过原岩应力的5%为界，依据弹性力学原理，设此影响半径为R_i。如相邻两钻孔的间距大于$2R_i$，则两钻孔互相不会有影响；反之，相邻两钻孔的间距小于$2R_i$，则两钻孔互相就会有影响。当两钻孔相互交叉时，受钻孔切向集中应力的相互影响，交叉区域钻孔的塑性圈半径增加。依据弹性力学原理，塑性圈半径与钻孔直径成正比。因此，顺层交叉钻孔在交叉区域的相互作用相当于把钻孔直径加大。

在以往的抽采过程中，即使在同一抽采区域，同一工作面的钻孔，部分钻孔抽采效果相对很好，而部分钻孔抽采效果则很差，甚至没有抽出瓦斯。这种现象主要是在抽采过程中，各种因素引起的钻孔坍塌造成流动阻力加大甚至堵孔所致。交叉钻孔由于交叉部分的相互影响，它们之间通过裂隙等途径已经连通，如某一钻孔发生堵孔时，其他相交、互相有影响的钻孔就可以替代已堵孔抽采瓦斯，从而可解决上述问题，改善瓦斯抽采效果。

另外，顺层交叉钻孔中的斜向钻孔是斜向工作面伪斜布置的，有利于穿透煤层倾斜方向的节理；其部分钻孔段处在工作面前方的卸压带内，可实现卸压带瓦斯抽采；作用时间比平行钻孔要长得多，能进一步改善顺层交叉钻孔的瓦斯抽采效果。

3.1.1.2　顺层交叉钻孔瓦斯预抽技术应用实例

(1) 矿井概况

马堡煤业有限公司主采 8 号和 15 号煤层，其中 15 号煤层平均厚度为 4.8 m，原始瓦斯含量为 5.52～7.2 m^3/t，煤层透气性系数为 1.09 $m^2/(MPa^2 \cdot d)$，钻孔瓦斯流量衰减系数为 0.062 1 d^{-1}。

(2) 顺层交叉钻孔瓦斯预抽技术应用方案

马堡煤业有限公司利用 ZDY1900S 型液压坑道钻机在 15 号煤层的 15108 工作面运输巷施工顺层交叉钻孔。施工顺层平行钻孔及斜向钻孔各 5 个。其中，平行钻孔与巷道夹角为 90°，孔深为 100 m，开孔高度为 1.0 m，钻孔间距为 4 m；斜向钻孔与巷道夹角为 85°，孔深为 101 m，开孔高度为 1.5 m，钻孔间距为 4 m；平行钻孔与斜向钻孔开孔间距为 2 m。顺层交叉钻孔布置平面图如图 3-1 所示，钻孔施工参数见表 3-1。

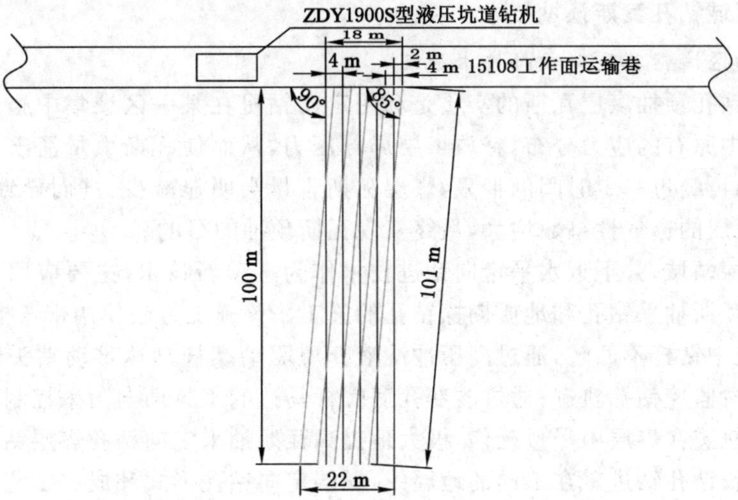

图 3-1　15108 工作面顺层交叉钻孔布置平面图

表 3-1　15108 工作面顺层交叉钻孔施工参数表

钻孔类别	布孔方式	钻孔与巷道夹角/(°)	钻孔开孔高度/m	孔深/m	钻孔直径/mm	钻孔间距/m	钻孔倾角/(°)
顺层交叉钻孔	平行	90	1.0	100	113	4.0	10
	斜向	85	1.5	101	113	4.0	10

3.1.1.3　顺层交叉钻孔瓦斯预抽技术效果考察

通过在马堡煤业有限公司 15108 工作面运输巷施工顺层交叉钻孔，连续 80 d 观测顺层交叉钻孔的瓦斯抽采情况。顺层交叉钻孔的百米钻孔瓦斯抽采流量随抽采时间的变化曲线如图 3-2 所示。

从图 3-2 可以看出，15108 工作面顺层交叉钻孔的百米钻孔瓦斯抽采流量 Q 随抽采时间 t 的变化规律如下：

$$Q=0.050\,5e^{-0.013\,5t}$$

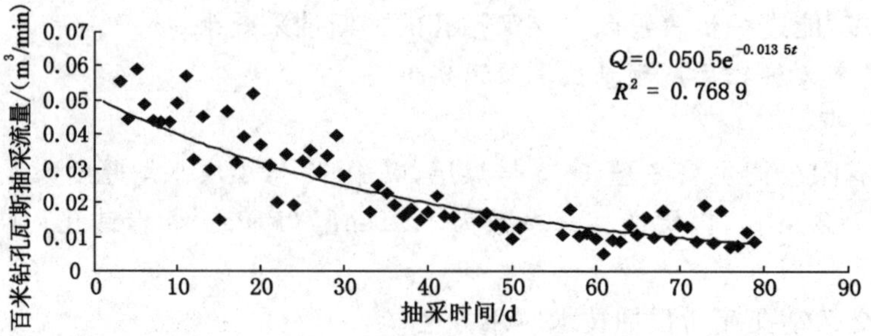

图 3-2　15108 工作面顺层交叉钻孔百米钻孔瓦斯抽采流量随抽采时间的变化曲线

从上述关系式可得顺层交叉钻孔的百米钻孔瓦斯抽采流量初始值为 0.050 5 m^3/min，是普通平行钻孔的 2.72 倍；抽采 80 d 后百米钻孔瓦斯抽采流量衰减为 0.01 m^3/min，为普通平行钻孔的 1.43 倍。可见，顺层交叉钻孔比平行钻孔的抽采效果好。

3.1.2　定向区域钻孔瓦斯预抽技术

3.1.2.1　定向区域钻孔瓦斯预抽技术原理

定向区域钻孔预抽煤层瓦斯的实质是利用定向钻机在某一区域集中施工定向长钻孔，通过改变煤体中原有的应力分布，释放煤层局部压力，从而使瓦斯大量涌出，煤体中的瓦斯潜能得到释放，再经过一定时间的抽采，煤层瓦斯含量会明显减少，进而导致煤层发生形变且应力降低、煤层的透气性系数增大，最终实现瓦斯预抽的目的。

在煤矿钻探领域，井下近水平定向钻进技术作为一项新技术，主要应用于较稳定、较硬煤层和岩层的瓦斯抽采钻孔和地质勘探钻孔的施工。该施工方法使用带弯接头的螺杆钻具施工，施工过程中钻杆不回转，通过高压冲洗液介质驱动螺杆马达带动钻头回转，并利用随钻测量技术实时监控钻孔轨迹；通过改变孔底螺杆马达的工具面向角来控制钻孔轨迹，从而使钻孔按设计轨迹在煤层中尽量延伸，极大地提高瓦斯抽采定向钻孔煤层钻遇率，从而实现瓦斯抽采定向长钻孔钻进。在不同的地层中，煤层定向钻孔形式和成孔工艺不同，主要的钻孔形式和适用范围如下。

(1) 顺层定向钻孔

对易成孔、结构稳定的较完整煤层，可采用顺层定向钻孔进行瓦斯抽采。顺层定向钻孔根据分支多少又可分为：① 单孔抽采，即在煤层中施工水平定向钻孔进行瓦斯抽采；② 主钻孔和分支钻孔联合抽采(见图 3-3)，即在煤层中施工水平定向钻孔，并在主钻孔的基础上施工羽状分支钻孔进行瓦斯抽采。

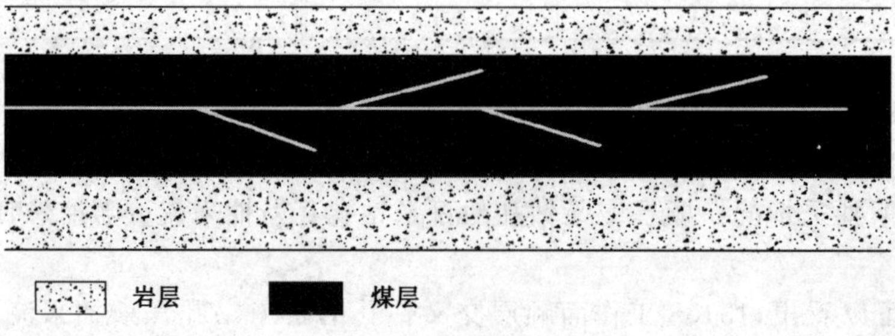

图 3-3　主钻孔和分支钻孔联合抽采示意图

(2) 穿层定向钻孔

煤层过于松软、破碎时不易成孔，而煤层的顶底板为可钻性好(坚固性系数 $f<5$)且不易发生缩径、卡钻和塌孔埋钻等现象的地层时，宜采用穿层定向钻孔抽采瓦斯。根据钻遇地层的不同，穿层定向钻孔又可分为如下 2 种。

① 对于结构稳定、容易成孔的较完整煤层($f>1$)，且相邻两煤层之间所夹岩层的厚度较小(小于 10 m)时，可通过煤—岩—煤型穿层定向钻孔进行瓦斯抽采(见图 3-4)。该方法首先在一煤层中开孔，然后定向钻进穿过所夹岩层，进入另一煤层，并在该煤层中进行近水平定向分支钻孔的施工，进行相邻煤层的瓦斯抽采。这样不仅能节省掘进巷道的开支，还能达到瓦斯抽采的目的。

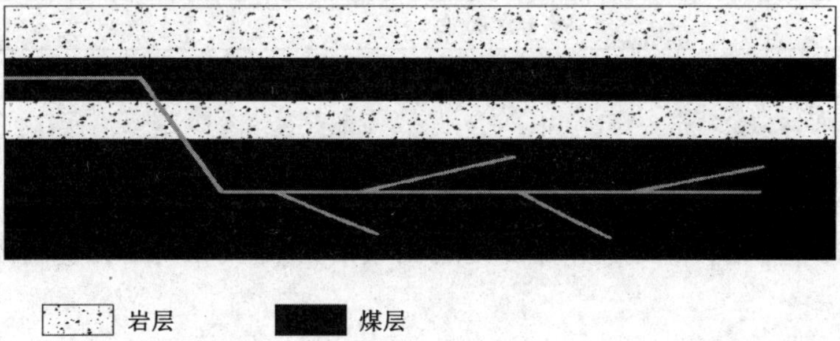

图 3-4　煤—岩—煤型穿层定向钻孔

② 当煤层松软($0.5<f<1$)、破碎而难以成孔时，可采用岩—煤型穿层定向钻孔(即梳状孔)方式进行钻进。该方法首先在煤层顶底板较稳定岩层中进行近水平定向长钻孔的施工钻进，然后通过人工造斜定向钻进，向下或向上施工分支定向钻孔穿入煤层，从而长期有效地对松软煤层进行瓦斯抽采(见图 3-5)。

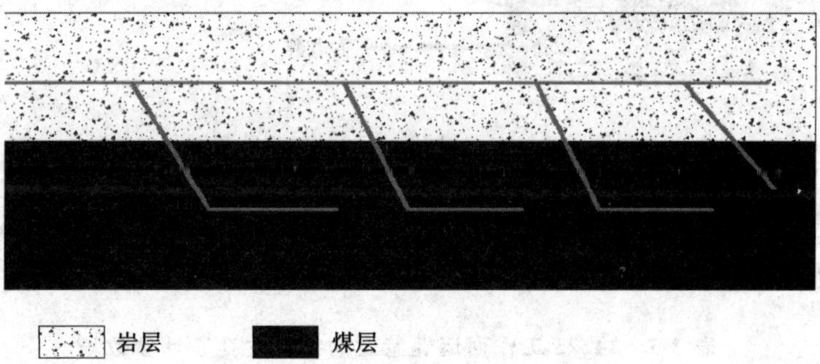

图 3-5　岩—煤型穿层定向钻孔

3.1.2.2　定向区域钻孔瓦斯预抽技术应用实例

(1) 矿井概况

以新疆焦煤(集团)有限责任公司 2130 煤矿为例，该矿 4 号煤层为主采煤层之一，为突出煤层，结构复杂，内含 2 层夹矸及 1 层煤矸互层，煤矸互层厚度为 1 m。煤层埋藏深度约 540 m，与上部 3 号煤层平均间距为 18.85 m，与下部 5 号煤层平均间距约为 29 m。直接顶为粗砂岩、砂砾岩，局部为粉砂岩。4 号煤层的瓦斯基础参数见表 3-2。

表 3-2　2130 煤矿 4 号煤层瓦斯基础参数表

序　号	参　数	取　值
1	煤层厚度/m	2.8
2	煤层瓦斯压力/MPa	0.20～0.85
3	煤层瓦斯含量/(m^3/t)	8.28～14.00
4	瓦斯放散初速度/mmHg	19.5
5	煤层透气性系数/[m^2/(MPa^2·d)]	0.194
6	煤层坚固性系数	0.54
7	百米钻孔瓦斯流量衰减系数/d^{-1}	0.173
8	煤层水分含量/%	0.44
9	煤层破坏类型	Ⅱ至Ⅲ类

注：1 mmHg＝133.32 Pa。

(2) 定向区域钻孔瓦斯预抽技术应用方案

采用井下近水平定向钻进技术施工定向区域钻孔，定向钻机的元件构成示意图如图3-6所示。

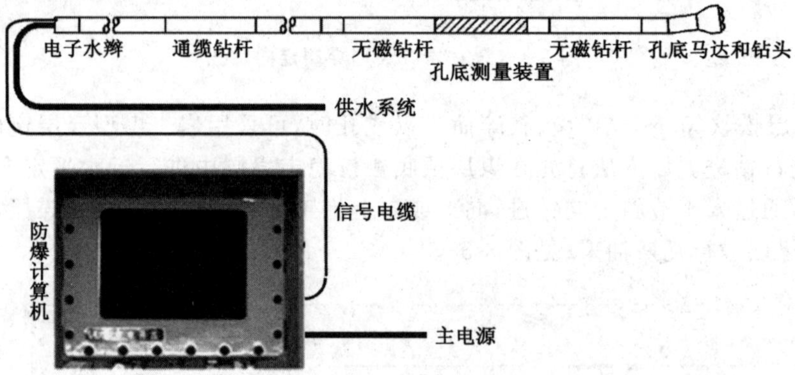

图 3-6　定向钻机的元件构成示意图

2130 煤矿在 24223 工作面运输巷掘进之前，设计施工定向钻孔预抽煤层瓦斯，其 4 个主孔的设计参数见表 3-3，钻孔竣工后的平、剖面图如图 3-7 所示。

表 3-3　24223 工作面运输巷定向钻孔主孔设计参数表

孔号	开孔方位角/(°)	目标方位角/(°)	开孔倾角/(°)	开孔高度/m	终孔直径/mm	主孔长度/m
1	265	282	4	1.5	96	160
2	274	282	6	1.5	96	156
3	282	282	−3	1.5	96	500
4	282	282	0	1.5	96	500

3.1.2.3　定向区域钻孔瓦斯预抽技术效果考察

钻孔施工完成后，每天对各钻孔的瓦斯抽采参数进行测试。测试结果表明，单孔瓦斯最

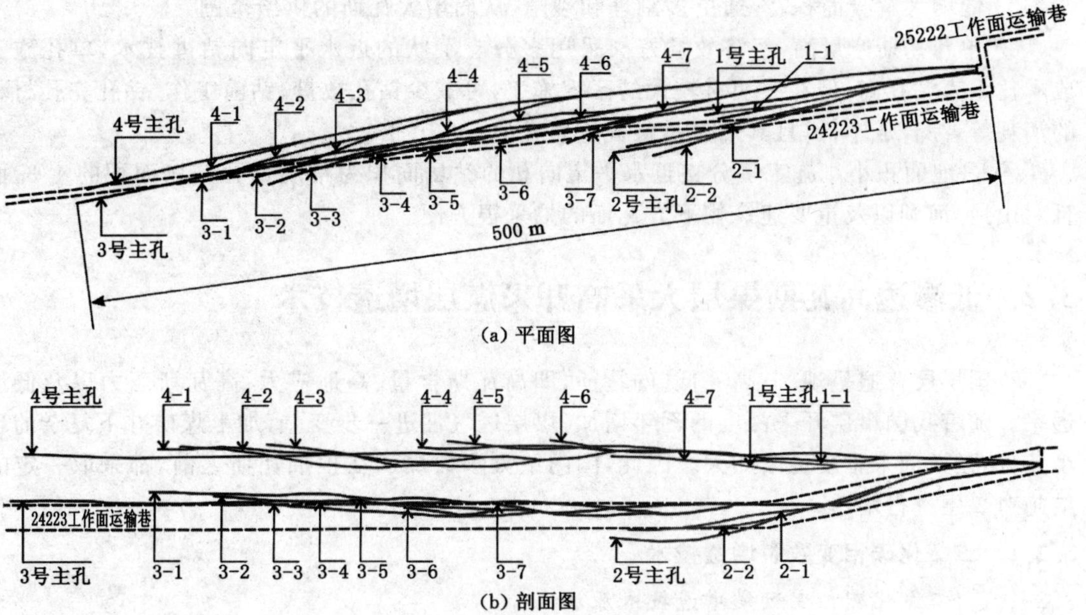

图 3-7　24223 工作面运输巷定向钻孔平、剖面图

大日抽采纯量为 1 145.16 m^3，日抽采纯量平均为 819.25 m^3，抽采 70 d 后抽采量开始衰减。

钻孔抽采一段时间后，对煤层的瓦斯参数进行测试，检验钻孔的瓦斯抽采效果。效果检验分为 5 个循环，每个循环布置 3 个效果检验钻孔，每个循环考察长度为 100 m，其中每间隔 30～40 m 至少布置 1 个检验点。每个循环的瓦斯参数测定情况见表 3-4。

表 3-4　24223 工作面运输巷不同检测循环瓦斯参数测定情况

循环号	检验进尺/m	可解吸瓦斯含量/(m^3/t)	残余瓦斯含量/(m^3/t)	瓦斯动力现象
1	80～180	1.67～5.05	3.94～7.32	无
2	160～260	0.58～4.26	2.84～6.53	无
3	240～340	4.12～4.99	6.37～7.25	无
4	320～420	3.59～5.59	5.86～7.85	无
5	400～500	2.15～3.14	4.41～5.41	无

由表 3-4 可以看出，煤层最大残余瓦斯含量为 7.85 m^3/t，平均残余瓦斯含量为 5.73 m^3/t，没有出现瓦斯异常动力现象，瓦斯抽采效果显著，各循环均达到了《防治煤与瓦斯突出细则》的要求。

与水力压裂增产技术和射孔完井技术相比，近水平定向钻进技术能规避常规钻孔技术的地质局限性，具有如下明显的优越性：

① 可提高导流能力。相对煤层的割理、裂隙系统，压裂的裂缝无论大小，其流动阻力都是较大的，而近水平定向钻孔内的流体对孔壁的压力较小，一般不会对孔壁造成压裂。因此，其流动阻力较小，可大大提高导流能力。

② 能增大解吸面积，沟通更多割理和裂隙，从而增大瓦斯的供给范围。

③ 单孔瓦斯产量高，经济效益好。采用多分支羽状的近水平定向钻进技术，单孔施工成本比垂直钻孔高；但在一相对较大的区域施工，可减少钻孔数量、钻前工作、钻孔完孔材料的消耗等，综合成本低，且其产量是常规垂直孔的 3～10 倍。

④ 占地面积小。施工多分支近水平定向孔的钻场面积为常规钻孔钻场面积的 1/3，而且对山地、河湖以及重要建筑物下方瓦斯的抽采很方便。

3.2 低渗透高瓦斯煤层大采高开采煤层增透技术

我国煤层普遍呈现“三高一低”的特征，即高瓦斯含量、高地应力、高瓦斯压力以及低渗透率。随着我国煤矿开采深度的逐年增加，煤层透气性进一步变差，加上煤矿井下复杂的环境条件，瓦斯抽采难度逐渐加大。因此，国内绝大多数煤矿在预抽瓦斯之前，都采取一定的措施对煤层进行增透。

3.2.1 二氧化碳相变致裂增透技术

3.2.1.1 二氧化碳相变致裂增透技术原理

液态二氧化碳爆破致裂可分为两个作用过程：一是液态二氧化碳爆破产生的应力波扰动作用过程；二是爆破产生的高压二氧化碳气体的准静态高压作用过程。高压二氧化碳爆破静态作用时间比应力波动态作用时间长 1 个数量级，压力值变化不大，因此高压二氧化碳爆破增透对煤体的作用可以看作准静态过程。

(1) 二氧化碳相变致裂增透技术基本原理

① 二氧化碳本身没有爆炸性，具有抑制爆炸和燃烧的作用。

② 当温度在 31 ℃以下、压力为 7.2 MPa 时二氧化碳以液态存在。

③ 1.0 kg 液态二氧化碳吸收 60.0 kJ 的热量才能汽化。

④ 当温度超过 31 ℃时，无论压力多大，液态二氧化碳将在 40 ms 内汽化。

⑤ 二氧化碳预裂器内部安装发热装置，热反应过程在完全密闭且充满液态二氧化碳的主体内腔中进行，震动和撞击均无法激活发热装置，因此该设备的充装、运输、正常存放和安装使用具有较高的安全性。

⑥ 液态二氧化碳汽化产生的高压波可以预裂煤层，从而提高煤层的渗透性和瓦斯抽采效率。

⑦ 煤体对二氧化碳的吸附性远高于对瓦斯的吸附性，这使得爆破后的二氧化碳能够滞留，且能驱替出大量煤体吸附的瓦斯。

⑧ 二氧化碳在煤体中的渗透率比瓦斯高 2 个数量级以上。在二氧化碳爆破过程中，其渗流运移能减小煤体吸附瓦斯的分压，从而使得瓦斯持续解吸，瓦斯产量和瓦斯抽采率提高。

二氧化碳致裂器工作原理示意图如图 3-8 所示。

(2) 爆破对煤体的作用过程

在无限介质中，二氧化碳在钻孔内爆破后，产生强烈的应力波和高压气体。爆破应力波以及高压气体作用下的煤岩破坏是一个相当复杂的动力学过程。

首先是液态二氧化碳受热急剧膨胀变成高压气体作用在钻孔壁上，进而钻孔周围煤体产生压缩变形，形成一定范围的压缩粉碎区，此区域称为爆破近区。随着时间的延长，高压气体进一步作用，其压力随着时间延长而衰减。当压力降到一定程度时，煤体中的微小裂纹开始发育，形成支段裂隙，钻孔周围支段裂隙在一定区域贯通，与爆破初期形成的主裂隙相互沟通，形成环状裂隙，此区域称为裂隙区。在应力波作用后期，其冲击强度变小，影响有限，无法促使煤层裂隙再次发育，只能产生一定范围的震动，故把裂隙区以外的区域称为震动区或爆破远区。钻孔周围粉碎区、裂隙区、震动区分布示意图如图 3-9 所示。

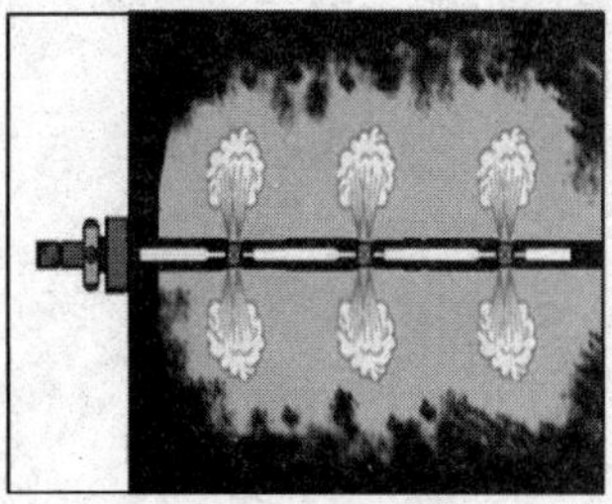

图 3-8　二氧化碳致裂器工作原理示意图

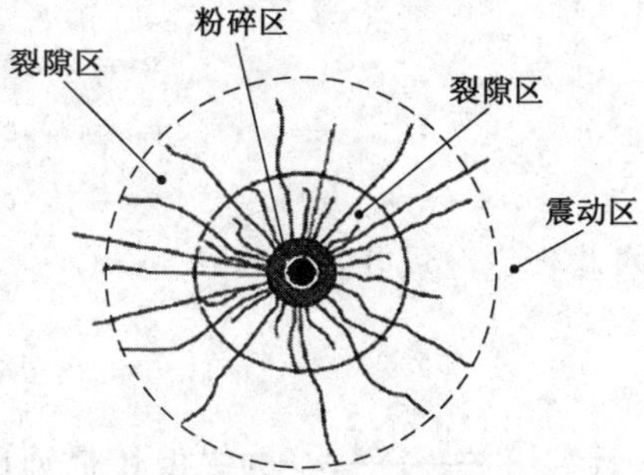

图 3-9　钻孔周围粉碎区、裂隙区、震动区分布示意图

（3）应力波在煤体中的传播规律

将煤体视为理想弹性体时，可以直接应用弹性理论来研究应力波的传播规律。其应力和应变关系符合广义胡克定律。因此，应力波传播时的煤岩质点运动方程如下：

$$\left.\begin{aligned}\rho\frac{\partial^2 u}{\partial t^2}&=\rho\frac{\partial\sigma_x}{\partial x}+\frac{\partial\tau_{xy}}{\partial y}+\frac{\partial\tau_{xz}}{\partial z}\\\rho\frac{\partial^2 v}{\partial t^2}&=\rho\frac{\partial\tau_{yx}}{\partial x}+\frac{\partial\sigma_y}{\partial y}+\frac{\partial\tau_{yz}}{\partial z}\\\rho\frac{\partial^2 w}{\partial t^2}&=\rho\frac{\partial\tau_{zx}}{\partial x}+\frac{\partial\tau_{zy}}{\partial y}+\frac{\partial\sigma_z}{\partial z}\end{aligned}\right\}\tag{3-1}$$

式中，ρ 为物体的密度；u,v,w 分别为质点的 3 个位移分量；$\rho\frac{\partial^2 u}{\partial t^2},\rho\frac{\partial^2 v}{\partial t^2},\rho\frac{\partial^2 \omega}{\partial t^2}$ 为质点的 3 个加速度分量；$\sigma_x,\sigma_y,\sigma_z,\tau_{xy},\tau_{xz},\tau_{yz}$ 为质点的 6 个应力分量。依据弹性力学中广义胡克定律，应力和应变之间具有下列关系：

$$\left.\begin{aligned}\sigma_x&=2G\varepsilon_x+\lambda\theta\\\sigma_y&=2G\varepsilon_y+\lambda\theta\\\sigma_z&=2G\varepsilon_z+\lambda\theta\\\tau_{xy}&=G\gamma_{xy}\\\tau_{yz}&=G\gamma_{yz}\\\tau_{zx}&=G\gamma_{zx}\end{aligned}\right\}\tag{3-2}$$

式中，$\lambda=\frac{\mu E}{(1+\mu)(1-2\mu)}$，为拉梅常数；$G=\frac{E}{2(1+\mu)}$，为剪切模量；$E$ 为弹性模量；μ 为泊松比；θ 为应变张量第一不变量，也称相对体积变形，$\theta=\varepsilon_x+\varepsilon_y+\varepsilon_z=\frac{\partial u}{\partial x}+\frac{\partial v}{\partial y}+\frac{\partial w}{\partial z}$；$\varepsilon_x$，$\varepsilon_y$，$\varepsilon_z$ 为 3 个正应变分量。由上述应力和应变关系式可得：

$$\rho \frac{\partial^2 u_i}{\partial t^2} = (\lambda + G)\frac{\partial \theta}{\partial x_i} + G\nabla^2 u_i \quad (i = 1,2,3) \tag{3-3}$$

式中，∇^2 为拉普拉斯算子；ρ 为煤体的密度。

沿爆破孔径向传播的爆破应力波在相当于装药半径或炮孔半径的 3～4 倍距离区域内传播时，可将其看作平面波。平面波产生的条件为介质的横向尺寸很大，以至于质点不能发生横向运动，这与煤岩以层状赋存为主的地质状况一致。设 x 坐标轴平行于波的传播方向，则有：

$$\left.\begin{array}{l} u = u(x,t), v = w = 0 \\ \varepsilon_x \neq 0, \varepsilon_y = \varepsilon_z = 0, \theta = \varepsilon_x \\ \sigma_x \neq 0, \sigma_y = \sigma_z \neq 0 \end{array}\right\} \tag{3-4}$$

因此，式(3-3)可简化为：

$$\frac{\partial^2 u}{\partial t^2} = c_P^2 \frac{\partial^2 u}{\partial x^2} \tag{3-5}$$

式中，$c_P^2 = \dfrac{(\lambda + 2G)}{\rho}$，$c_P$ 为纵波传播速度。

根据胡克定律和平面波的假设可得：

$$\left.\begin{array}{l} \sigma_x = (2G + \lambda)\dfrac{\partial u}{\partial x} \\ \sigma_y = \sigma_z = \lambda \dfrac{\partial u}{\partial x} \\ \tau_{xy} = \tau_{yz} = \tau_{zx} = 0 \end{array}\right\} \tag{3-6}$$

将已知边界条件及初始条件代入式(3-6)即可求解。

(4) 爆破对煤体作用的力学分析

在液态二氧化碳相变为气态二氧化碳的过程中，1 m^3 液态二氧化碳可汽化成 794 m^3 的气态二氧化碳。在煤层钻孔受限空间内，采取液态二氧化碳瞬间相变的方式，相变产生的高能、高压气体瞬间作用于钻孔煤壁可形成初始导向裂隙，在爆生气体引导的气楔作用下裂隙会在煤体内大范围扩展。图 3-10 为二氧化碳爆破致裂原理图。

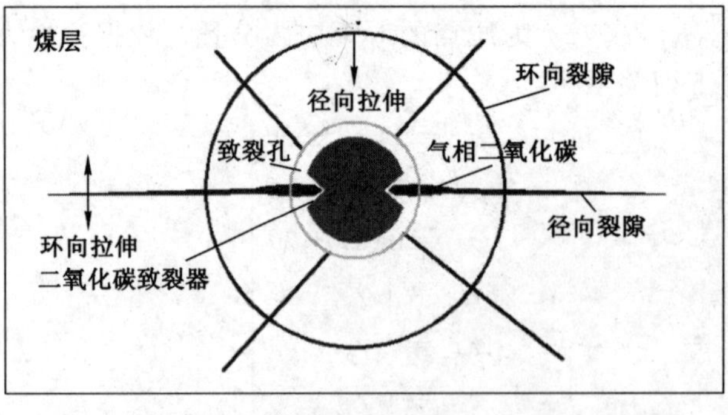

图 3-10　二氧化碳爆破致裂原理图

根据煤岩爆破理论结合致裂爆破对裂隙发育力学条件的影响规律，建立了致裂爆破过程的煤体动态断裂力学模型，如图 3-11 所示。

裂隙扩展过程中其尖端处的应力强度因子为：

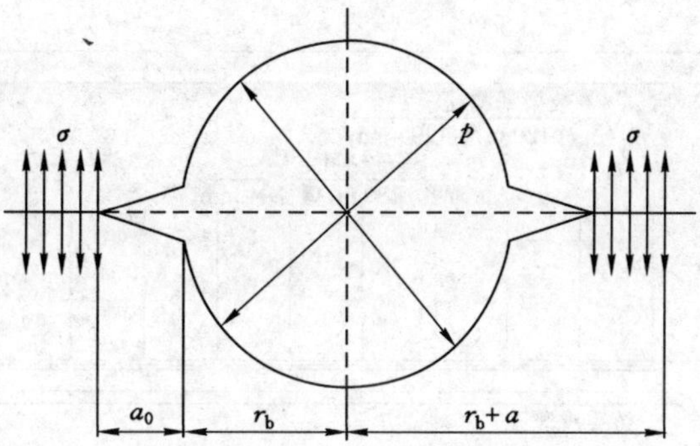

图 3-11　二氧化碳致裂爆破煤体断裂力学模型

$$K_{\mathrm{I}} = pF\sqrt{\pi(r_{\mathrm{b}} + a)} + \sigma\sqrt{\pi a} \tag{3-7}$$

式中，p 为作用于致裂孔的爆生气相二氧化碳的瞬时压力，Pa；F 为应力强度因子修正系数；r_{b} 为炮孔半径，m；a 为裂隙扩展瞬时长度，m；σ 为聚能流侵彻作用产生的切向应力，N。

当气相二氧化碳流侵彻作用终止时，裂隙尖端处的应力强度因子为：

$$K_{\mathrm{I}} = p_0 F\sqrt{\pi(r_{\mathrm{b}} + a_0)} + \sigma\sqrt{\pi a_0} \tag{3-8}$$

式中，p_0 为侵彻终止时爆生气相二氧化碳充满炮孔时的压力，Pa；a_0 为裂隙长度，m。

根据岩石爆破断裂力学理论，当裂隙端部应力强度因子满足 $K_{\mathrm{I}} > K_{\mathrm{IC}}$ 时裂隙开始扩展，其中，K_{IC} 为岩石断裂韧性。裂隙起裂条件为：

$$p_0 > \frac{K_{\mathrm{IC}} - \sigma\sqrt{\pi a_0}}{F\sqrt{\pi(r_{\mathrm{b}} + a_0)}} \tag{3-9}$$

后续爆生气相二氧化碳气楔作用可促进裂隙进一步扩展，而裂隙扩展导致爆生气相二氧化碳压力下降。为保证裂隙持续扩展，爆生气相二氧化碳瞬时压力需要满足：

$$p_0 > \frac{K_{\mathrm{IC}} - \sigma\sqrt{\pi a_0}}{F\sqrt{\pi(r_{\mathrm{b}} + a)}} \tag{3-10}$$

3.2.1.2　二氧化碳相变致裂增透技术应用实例

(1) 矿井概况

三元煤业股份有限公司是晋能集团长治有限公司下辖的主力生产矿井，生产能力为 2.2 Mt/a，现开采 3 号煤层，为高瓦斯矿井。矿井现阶段开采进入井田深部区域，生产期间瓦斯问题是矿井面临的主要问题之一。通过实测得出三元煤业股份有限公司 3 号煤层透气性系数为3.157 $m^2/(MPa^2 \cdot d)$，钻孔瓦斯流量衰减系数为 0.035 6 d^{-1}。三元煤业股份有限公司采煤工作面回采期间瓦斯主要来自本煤层。3 号煤层透气性差导致本煤层钻孔抽采效率较低，工作面生产期间瓦斯异常增大。

(2) 二氧化碳相变致裂增透技术应用方案

本次三元煤业股份有限公司 3 号煤层二氧化碳相变致裂增透技术试验共布置增透效果观测孔 11 个，均为垂直钻孔，孔径 94 mm，孔深 120 m。爆破钻孔 10 个，均为斜向钻孔，孔径 94 mm，孔深 80 m，爆破深度 80 m。爆破钻孔及效果观测孔布置平、剖面图如图3-12所示。

对非爆破钻孔，在施工完成后正常封孔并连接至回采巷道管路进行抽采；对爆破钻孔，

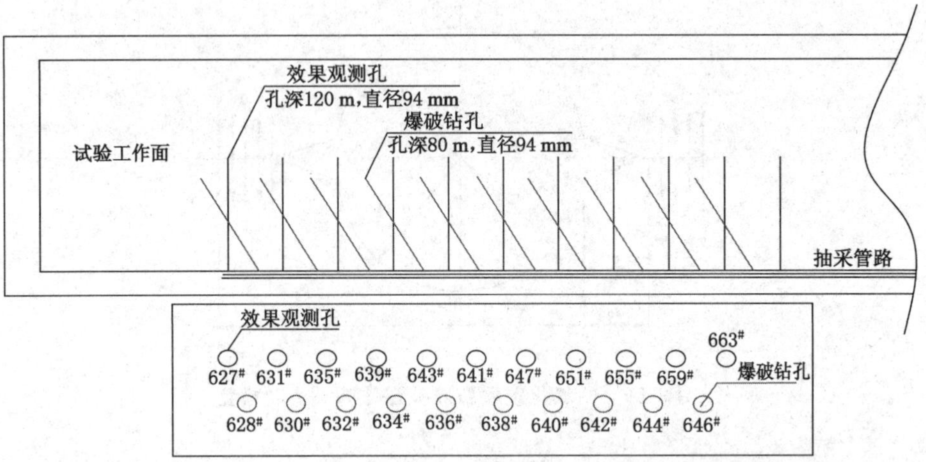

图 3-12 二氧化碳相变致裂增透试验爆破钻孔及效果观测孔布置平、剖面图

在完成爆破后封孔连接至回采巷道管路进行抽采。在抽采管路及顺层钻孔设置瓦斯抽采监测装置,每天观测瓦斯参数,统计分析管道及钻孔瓦斯流量、浓度和负压。

3.2.1.3 二氧化碳相变致裂增透技术效果考察

二氧化碳相变致裂爆破本煤层后,在巷道煤壁上能形成明显裂隙,从而可以直观地看出,二氧化碳相变致裂增透技术能够有效增加煤层裂隙,导通低透气性煤层瓦斯流动通道,提高本煤层钻孔瓦斯抽采浓度及纯流量。工作面回采巷道煤壁在二氧化碳相变致裂后裂隙发育情况如图 3-13 所示。

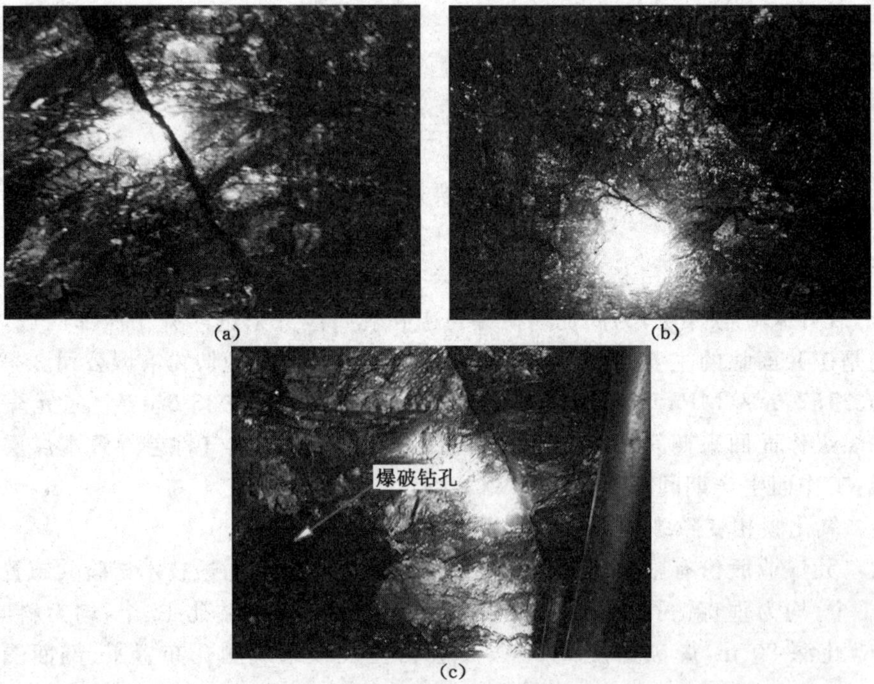

图 3-13 本煤层二氧化碳相变致裂后回采巷道煤壁裂隙发育情况图

在爆破前后连续实测爆破效果观测孔内瓦斯抽采浓度和混合流量，观测时间为 15～18 d，每个观测孔统计数据变化曲线如图 3-14 所示。

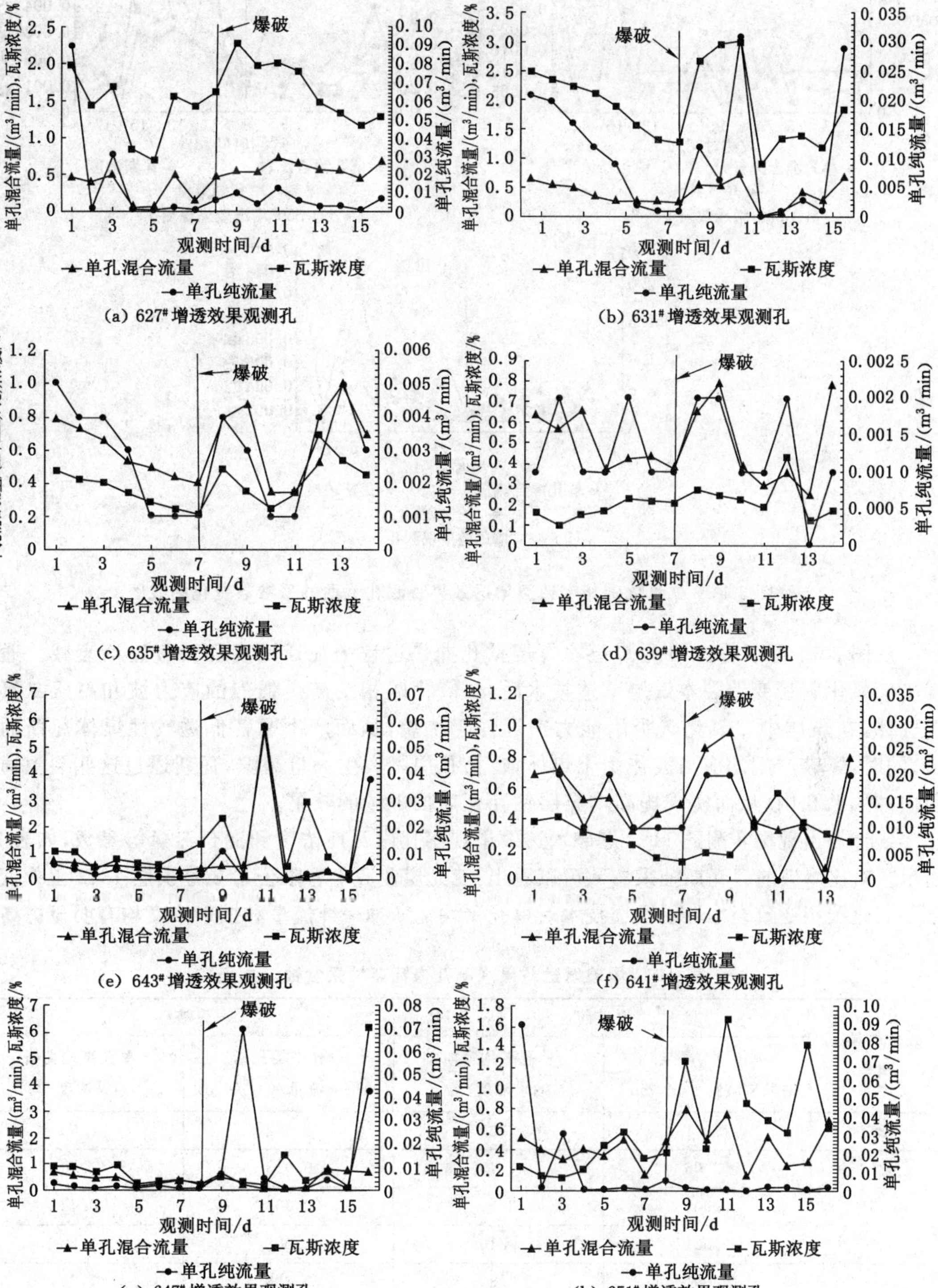

(a) 627# 增透效果观测孔　(b) 631# 增透效果观测孔

(c) 635# 增透效果观测孔　(d) 639# 增透效果观测孔

(e) 643# 增透效果观测孔　(f) 641# 增透效果观测孔

(g) 647# 增透效果观测孔　(h) 651# 增透效果观测孔

图 3-14　二氧化碳相变致裂增透效果观测孔瓦斯抽采参数变化曲线图

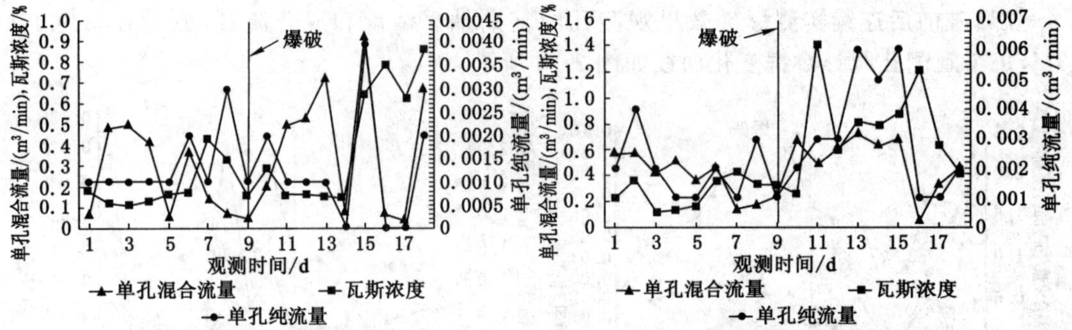

(i) 655# 增透效果观测孔　(j) 659# 增透效果观测孔

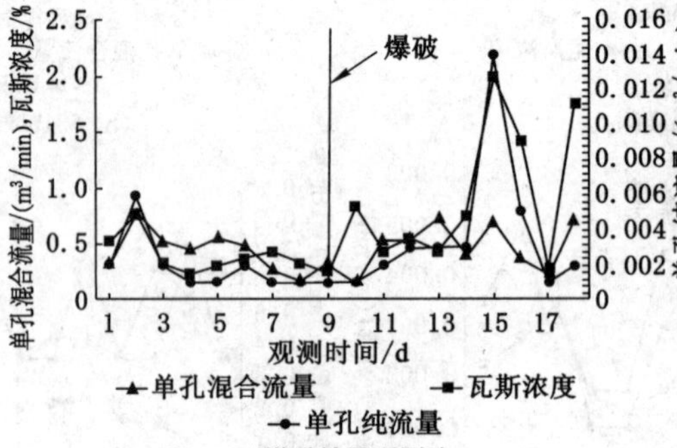

(k) 663# 增透效果观测孔

续图 3-14　二氧化碳相变致裂增透效果观测孔瓦斯抽采参数变化曲线图

从图 3-14 可以看出,3 号煤层本煤层钻孔抽采过程中瓦斯浓度和流量逐渐衰减。通过实施二氧化碳相变致裂本煤层增透技术后,二氧化碳相变产生强烈的应力波和高压二氧化碳气体,在煤体中二氧化碳吸附能力远远强于甲烷,从而产生驱替低透气性煤体瓦斯的效果;同时,爆破产生的应力波作用于煤体,在钻孔周围产生大量裂隙,瓦斯通过这些裂隙通道涌向抽采钻孔内,从而实现提高本煤层钻孔瓦斯抽采量的效果。

统计得出现场实测的 11 个爆破增透效果观察孔内瓦斯浓度和混合流量等参数,如表 3-5 所示。对比爆破前后瓦斯抽采参数可以看出:三元煤业股份有限公司 3 号煤层 1312 工作面实施二氧化碳相变致裂本煤层增透技术后单孔平均瓦斯抽采纯流量和抽采浓度均有明显提高。

表 3-5　爆破增透效果观测孔内瓦斯抽采参数汇总表

效果观测孔编号	爆破前		爆破后	
	单孔平均瓦斯抽采纯流量/(m^3/min)	单孔平均瓦斯抽采浓度/%	单孔平均瓦斯抽采纯流量/(m^3/min)	单孔平均瓦斯抽采浓度/%
627#	0.001	1.20	0.002	1.60
631#	0.006	1.45	0.013	2.40
635#	0.001	0.30	0.003	0.42
639#	0.001	0.16	0.002	0.23
643#	0.001	0.89	0.038	1.30
641#	0.001	0.21	0.002	0.38

表 3-5(续)

效果观测孔编号	爆破前		爆破后	
	单孔平均瓦斯抽采纯流量/(m^3/min)	单孔平均瓦斯抽采浓度/%	单孔平均瓦斯抽采纯流量/(m^3/min)	单孔平均瓦斯抽采浓度/%
647#	0.001	0.64	0.016	0.92
651#	0.001	0.40	0.002	1.10
655#	0.001	0.21	0.001	0.38
659#	0.001 5	0.23	0.003	0.67
663#	0.001	0.56	0.004	0.70

3.2.2 低渗透煤层水力割缝技术

3.2.2.1 低渗透煤层水力割缝技术原理

煤层开采逐渐进入深部后，煤层渗透性受地应力、煤体孔隙裂隙结构以及瓦斯渗流情况的影响越来越强。越来越大的地应力使得煤层内部孔隙和裂隙受压闭合变小，煤体表面的吸附作用增强，煤体力学特性、瓦斯赋存运移情况变得复杂，渗透性变小。为了提高瓦斯抽采量，根据渗流本构关系，研究发现提高压力梯度和增加煤层渗透率可以提高抽采速率。因此，有必要采取强化措施对能造成瓦斯赋存量大的根源(孔隙裂隙网)进行沟通扩展，从而改善煤层内部瓦斯的流动情况。但目前的工业应用以及实验中针对提高压力梯度来提高渗透率还处于研究中。减小孔间距的成本很高；增大压力虽有效，但是应用不是很广泛。而增加煤层渗透率目前主要基于提高煤层孔隙率和裂隙率，其中，提高孔隙率成本昂贵难以应用，而提高裂隙率相对来说是一种可行的增透办法。高压水射流割缝是针对卸压增透所采取的有效方法，其在煤层内部形成一定宽度的缝槽后，会在原有裂隙基础上扩展出新的裂隙，最终形成裂隙扩展面，从而改善瓦斯渗流通道，使得周围煤体应力释放，渗透率随之增大，从而达到卸压增透效果。

(1) 水力割缝后煤体结构变形机理

低渗透煤层通常位于深部区域，煤体内部结构变形主要由孔隙和裂隙产生。孔隙具有较强的吸附性，孔隙分布不均匀和裂隙发育不完全决定煤体的非均质性。研究发现，煤体整体变形破坏与煤体的非均质度有关，非均质度越低煤体越脆，反之，非均质度越高煤体弹塑性越明显。而煤体中裂隙是瓦斯渗流的主要通道，决定着煤层渗透性，因此针对扩展裂隙来研究增透是正确的。裂隙扩展作为煤体结构变形的一个部分，其主要是内部结构在受力作用下发生损伤造成的。前人研究发现，煤体微观结构上表现为坚固性系数越大，渗透性越差；反之，坚固性系数越小，渗透性越好。然而从宏观方面研究发现，坚固性系数大的煤体本身坚硬，强度大，塑性变形小，承压状态下孔隙变化微弱，会产生较多脆性破裂裂隙，渗流通道畅通，渗透性好；相反，松软煤层本身强度小，塑性变形大，承压下孔隙会发生闭合，渗流通道被阻塞而透气性差。

从高压水射流破岩机理方面分析发现，当水射流冲割煤体时，在冲击动载作用下煤体发生损伤破坏，高压水所带能量迅速以接触点为中心在煤体中传播，从而使得煤体强度和孔隙裂隙结构遭到损伤。通常在最初切割瞬间，煤体径向和切向由于受压而发生剪切破坏，利用莫尔-库仑(Mohr-Coulomb)准则进行强度判断,发现煤体强度变小。随着时间推移,水射流会在煤体表面产生拉应力,此时煤体产生较多垂直裂纹。射流水会占据这些裂纹和煤体原始空隙并在其内部造成瞬时强大压力,强大的拉应力会使煤体强度损伤同时产生水楔作用,水会不断渗入煤体孔隙裂隙中。在压力差作用下煤体发生结构变形,使得裂隙扩展并相互贯通,从而弱化煤体强度、增加煤体渗透率。后期在水射流准静态压力作用下,煤体表面在冲击力的冲蚀作用下,在微小裂缝和层理处煤体强度弱化,从而使得煤体颗粒脱落,加之回流的磨削作用,会对煤体产生二次损伤破坏,微裂纹会发生二次扩展并继续连通,最终形成大量宏观裂隙。图 3-15 所示为缝槽周围裂隙分布情况。

图 3-15　缝槽周围裂隙分布情况

在水射流作用下原始裂隙的发育以及演化趋向以纵向延伸为主,主要是在水射流割缝后,缝槽两侧煤体因上覆煤岩层向下位移而在纵向上较易产生裂隙的贯通和扩展,而横向上由于围压作用裂隙则不易贯通。在局部区域,随着多条裂隙产生并扩展相交,会产生裂隙网络。

(2) 水力割缝增透力学机理

高压水射流在煤层预留钻孔两侧切割煤体,在煤层内部能形成一条具有一定深度和高度的扁平缝槽,这使得煤层应力释放而发生不均匀沉降,从而形成大量裂隙,以此提高煤层渗透率。

煤层中预置钻孔后,钻孔周围应力会因卸压而重新分布。应力变化情况大致是钻孔上方应力释放而降低,靠近钻孔处应力释放较多,左右两侧应力产生集中而变大。受应力集中作用,煤体被压实,孔隙缝隙空间变小,甚至闭合,从而使得钻孔周围渗透率低于远处。而利用高压水射流切割出扁平缝槽后,周围煤体产生位移,煤层几何形态发生变化,缝槽边缘会形成松弛带和破碎区。应力重新分布后会向煤体深部和两边转移,致使远处应力大于钻孔处应力。缝槽裂缝面两侧煤体会受到拉应力作用,并在水平方向发生拉伸破裂,逐渐向煤层顶底板方向延伸。缝槽两侧尖端未被切割的煤体构成简支梁结构,起到类似预留煤柱的支承作用,而使得缝槽周围煤体完全卸载,缝槽上部煤层应力因割缝而变小;而两侧尖端逐渐受拉应力和剪应力的复合作用而产生应力集中区,应力大于缝槽两侧。总体来说,割缝后缝槽周围应力将出现两侧尖端大于缝槽两侧的情况,而且未受破坏的煤体单元表现为弹性,应力不会再向深部煤层转移而发生应力集中。

缝槽周围应力增高区煤体会发生屈服损伤破坏,裂隙二次发育良好导致渗透率增大,缝槽远处煤体因卸压应力下降,渗透率随着应力的降低而增大,大量吸附态的瓦斯会迅速解吸扩散到裂隙中。高压水射流割缝后应力越大,渗透率越低。在对割缝煤体上下两侧和整体进行渗透性测试时发现,由于卸压破坏作用较大,应力降低,上部和下部煤体渗透性显著增强；而在切割煤体时，钻孔中的水会在压差作用下渗入煤层，会在一定阶段影响煤体渗透性，同时也会使煤体压实区变疏松并伴随产生新裂纹，水分消失后煤层渗透率能得到提高。

我国煤层由于地质条件和结构复杂，非均质不连续性强，各向受力差异大。前人研究表明，垂直缝槽平面方向的应力越大，卸压率越高，离缝槽较近煤体卸压充分，而距离缝槽较远处卸压率低。缝槽的宽度和高度越大，煤层卸压效果越明显，渗透率提高也越明显。

(3) 水力割缝后煤层瓦斯非线性渗流机理

煤体是由孔隙和裂隙组成的多孔介质，一般情况下，孔隙裂隙影响着瓦斯在煤层中的渗流特性。经高压水射流割缝破坏后，煤层中会形成一条缝槽，缝槽周围煤层局部由破碎体组成，属于大空隙的多孔介质，渗流通道比较复杂；而未受割缝影响的远处线性层流区域由于孔隙裂隙结构未改变，压力变化不明显，瓦斯渗流状态未改变。

水射流割缝后煤层瓦斯运移呈现分区特点。未受扰动煤层瓦斯经过扩散渗流流到高压水射流割缝区域的破碎煤体中，在破碎带局部区域流动，破碎带中因高压水射流作用产生的大量裂隙会释放大量瓦斯，从而使得瓦斯流动速度变大，大量瓦斯流进缝槽内。因而，煤层在高压水射流割缝后渗流量增大，渗透率提高。

3.2.2.2　低渗透煤层水力割缝技术应用实例

(1) 矿井概况

马堡煤业有限公司主采8号和15号煤层，15号煤层平均厚度为4.8 m，原始瓦斯含量为5.52～7.2 m^3/t，煤层透气性系数为1.09 $m^2/(MPa^2 \cdot d)$，钻孔瓦斯流量衰减系数为0.062 1 d^{-1}。

(2) 低渗透煤层水力割缝技术应用方案

高压水射流割缝装备由高压水泵(BZW200/45型)、高压旋转接头(耐压45 MPa)、高压水射流钻杆(耐压50 MPa)、高压水射流喷头和喷嘴、高压胶管、阀门、封孔器及封孔材料等部分组成，具体如图3-16所示。

15201工作面回风巷本煤层钻孔单孔设计深度110 m，封孔深度12 m，为保证钻孔安全及气密性，设计增透割缝起始位置距离钻孔孔口30 m，即钻孔增透长度80 m。钻孔增透分3段进行，每段20 m，段与段间距10 m。高压水射流割缝增透试验钻孔布置平面图、剖面图分别如图3-17和图3-18所示。

3.2.2.3　低渗透煤层水力割缝技术效果考察

对钻孔瓦斯流量与瓦斯浓度进行了连续20 d的观测记录，分析得出了割缝作业后瓦斯流量与瓦斯浓度的变化情况，如图3-19和图3-20所示。

由距离增透钻孔2 m处的观测钻孔抽采效果可以看出：割缝增透后，在观测钻孔与增透钻孔之间的煤体中形成裂纹，观测钻孔的单孔瓦斯抽采浓度、纯流量提高效果非常显著，增透后单孔瓦斯抽采纯流量提高80倍左右，抽采浓度提高8倍左右，在割缝增透后的20 d内钻孔瓦斯抽采浓度均保持在27%左右。

由距离增透钻孔4 m处的观测钻孔抽采效果可以看出：割缝增透后单孔瓦斯抽采效果提高得比较明显，而与距增透钻孔2 m处的观测钻孔相比，瓦斯抽采浓度、纯流量均有所降低且瓦斯抽采流量衰减系数增大，但增透后总体单孔瓦斯抽采纯流量提高60倍左右，抽采浓度提高5倍左右，在割缝增透后的20 d内钻孔瓦斯浓度均保持在24%左右。

由距离增透钻孔6 m处的观测钻孔抽采效果可以看出：割缝增透后单孔瓦斯抽采效果

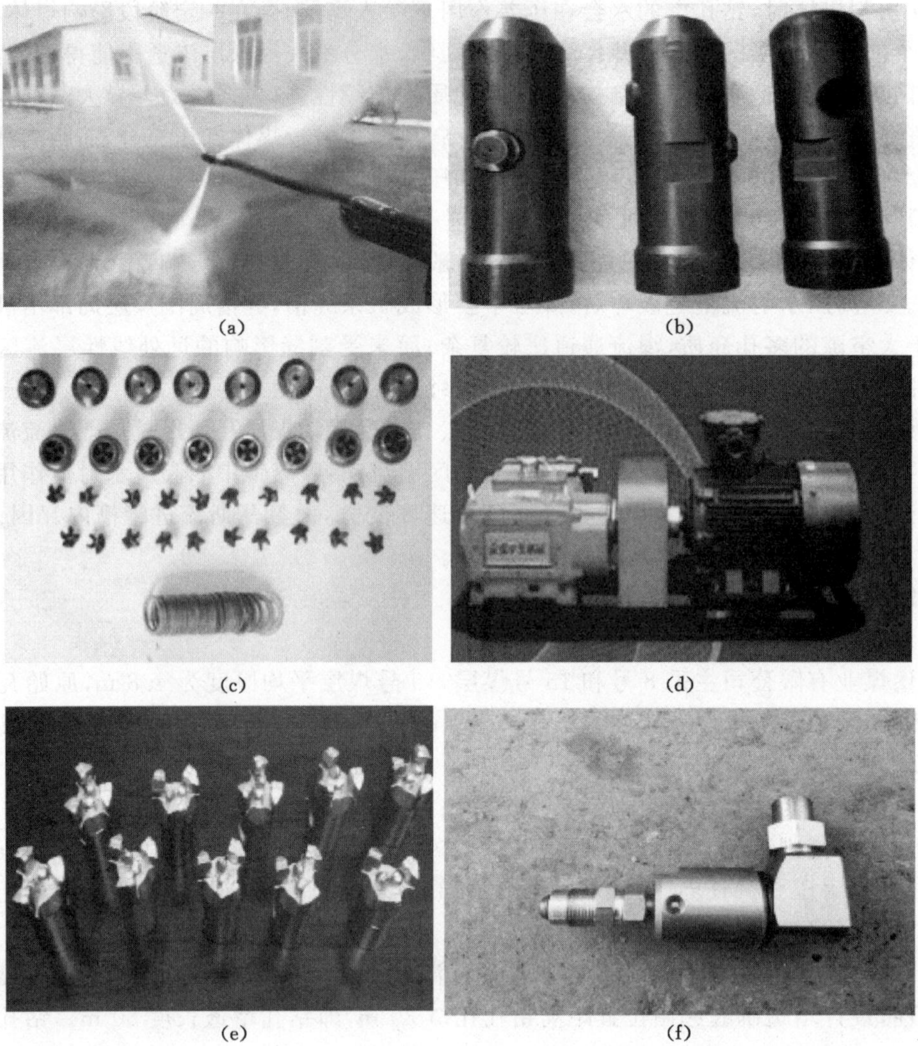

图 3-16　高压水射流割缝装备实物

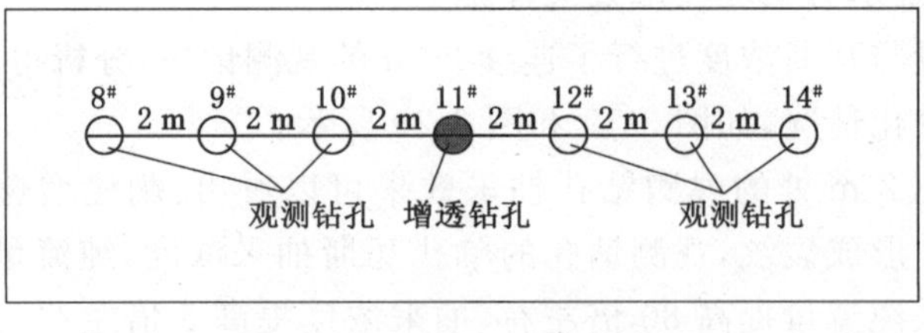

图 3-17　高压水射流割缝增透试验钻孔布置平面图
（图中间距 2 m 均为两孔的中心距）

提高得不明显，在增透后 10 d 内，单孔瓦斯抽采浓度和纯流量有短暂的提高，但持续 10 d 后瓦斯抽采浓度和纯流量逐渐衰减至普通钻孔的水平。其原因是在割缝增透过程中裂纹未能发育至距增透钻孔 6 m 远的观测钻孔处，由水力割缝引起的震动效应仅引起该观测钻孔瓦

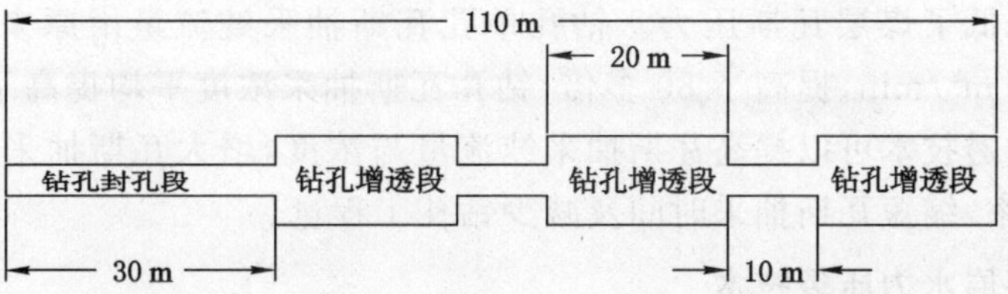

图 3-18　高压水射流割缝增透试验钻孔布置剖面图

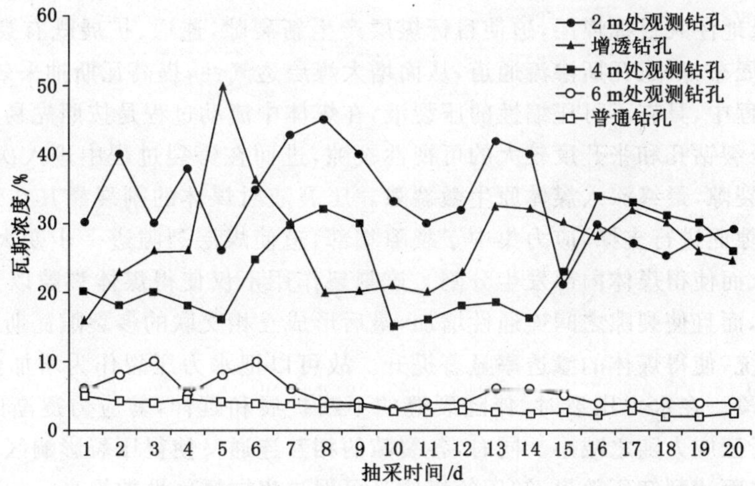

图 3-19　普通钻孔、增透钻孔和各观测钻孔瓦斯抽采浓度效果图

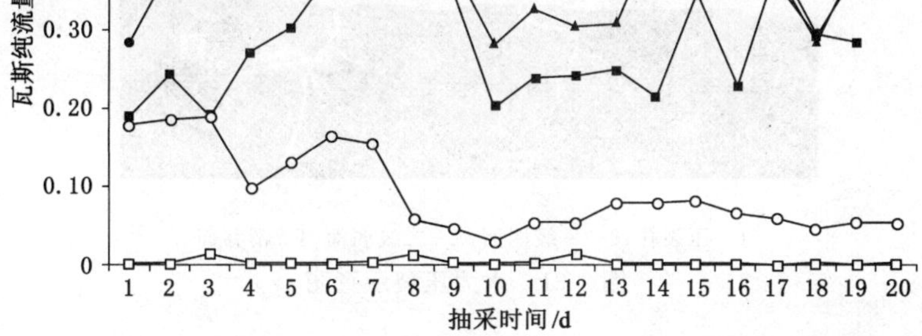

图 3-20　普通钻孔、增透钻孔和各观测钻孔瓦斯抽采纯流量效果图

斯涌出量暂时性的提高。

在 15201 工作面应用水力割缝增透技术后，煤层透气性得到了提高，有效地卸除了工作

面地应力，同时降低了煤层瓦斯压力。钻孔单孔瓦斯抽采纯流量由原来的 0.003 m^3/min 平均提高到 0.25 m^3/min，提高了 80 多倍，钻孔瓦斯抽采浓度平均提高了 6 倍左右。结果表明，水力割缝增透技术可以提高瓦斯抽采纯流量与浓度，增大瓦斯抽采半径，从而有效地提高瓦斯抽采效率，缩短瓦斯抽采时间及减少钻孔工程量。

3.2.3 低渗透煤层水力压裂技术

3.2.3.1 低渗透煤层水力压裂技术原理

低渗透煤层水力压裂技术利用高压水作为动力，克服目标煤层围岩应力和煤层自然滤失，将其大排量地注入目标煤层，迫使目标煤层产生新裂隙，连通、扩展既有裂隙，完成煤体内部裂隙空间展布，形成瓦斯渗流通道，从而增大煤层透气性，提高瓦斯抽采效率。

在压裂过程中，具有不可压缩性的压裂液，在煤体中流动过程是按照先易后难顺序进行的，其先充满压裂钻孔和张开度较大的可视性裂隙，进而在劈裂过程中进入次级裂隙，逐次进入更下一级裂隙，最终深入煤体原生微裂隙。压裂液对煤体的割裂靠其在煤层裂隙内对煤体内部的裂隙面进行支撑，应力集中于裂隙端部，迫使煤层裂隙进一步变大、延伸扩展以及发生滑移，从而使得煤体内部发生分割。该割裂作用不仅使得煤体裂隙以及裂缝空间体积等发生扩展，而且使裂隙之间连通性增加，最后形成互相交联的多裂隙瓦斯运移结构。形成的该裂隙系统，使得煤体的渗透率显著提升。故可以把水力压裂作为增加低渗透煤层透气性的重要手段。在水力压裂时，伴随裂缝的不断扩展和延伸，剪应力逐渐向钻孔远端转移，压裂孔邻近区应力随之减小。同时，各裂隙的相互连通又使得压裂影响区内局部集中应力均匀分布，进而达到卸压效果，卸压的煤体又可促进煤层透气性的提高。

压裂过程中不断进入煤体裂隙中的水使得煤体脆性减弱，塑性增强；同时，煤体中集聚应力及固有瓦斯的快速释放，可减弱水对煤体内部结构的复合作用，从而使煤体强度增加。总之，水力压裂将大量高压液体注入煤层，迫使煤层破裂，且煤体产生的裂隙短时间内难以完全重新闭合，从而使煤层的透气性提高。图 3-21 为水力压裂示意图。

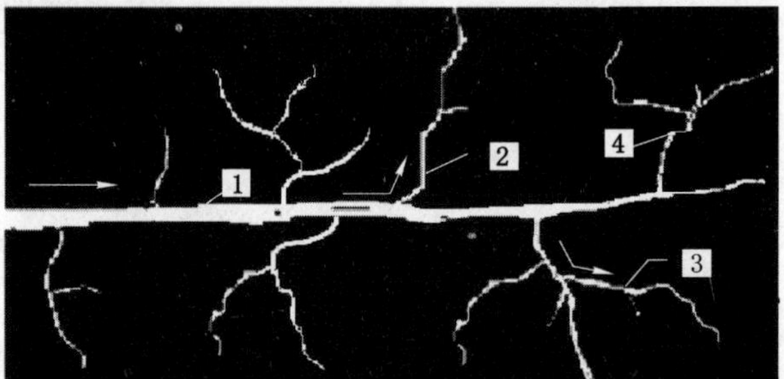

1—压裂孔；2——级弱面；3—二级弱面；4—滑移面。

图 3-21 水力压裂示意图

3.2.3.2 低渗透煤层水力压裂技术应用实例

（1）矿井概况

以马堡煤业有限公司为例，15108 采煤工作面本煤层预抽钻孔瓦斯抽采浓度一般为 15%左右，流量较小，煤层透气性较差，为了改善本煤层预抽钻孔抽采效果，设计在 15108 采煤工作面开展高压水力压裂增透试验。

(2) 水力压裂增透技术应用方案

水力压裂增透技术试验地点选取15108工作面回风巷距开切眼300 m处。

根据15108工作面煤层特点，共施工4个钻孔，其中包括2个检验孔，2个压裂孔。钻孔布置如图3-22所示，钻孔参数如表3-6所示。

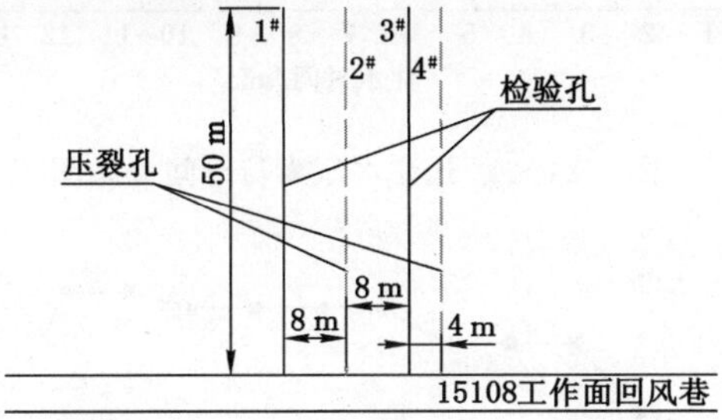

图3-22　水力压裂增透钻孔布置图

表3-6　水力压裂增透钻孔施工参数

孔号	开孔位置	钻孔直径/mm	开孔高度/m	倾角/(°)	与巷道夹角/(°)	钻孔长度/m	封孔长度/m	钻孔性质
1#	15108工作面回风巷	113	1	1	90	50	8	检验孔
2#	15108工作面回风巷	113	1	1	90	50	20	压裂孔
3#	15108工作面回风巷	113	1	1	90	50	8	检验孔
4#	15108工作面回风巷	113	1	1	90	50	20	压裂孔

钻孔施工完后，立即封孔。检验孔采用ϕ65 mm阻燃抗静电PVC管和专用封孔材料封孔，封孔长度8 m；压裂孔采用橡胶注水封孔器连接ϕ32 mm加厚无缝钢管(注入专用封孔材料)封孔，无缝钢管每根长2 m，采用螺纹连接，封孔长度20 m，如图3-23所示。

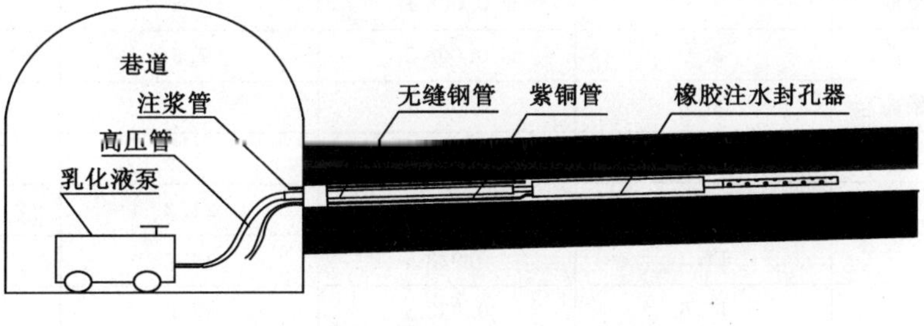

图3-23　水力压裂孔封孔工艺图

3.2.3.3　低渗透煤层水力压裂技术效果考察

水力压裂作业初始压力为5 MPa，之后逐步提升压力，当发现3#检验孔出现滴水现象并有逐渐增大趋势时，将注水压力迅速降低至4 MPa左右，随即停泵并关闭闸阀结束注水，试验最高注水压力为16 MPa，累计注水时间14 min，注水量4.2 m^3左右。注水压力随时间变化曲线如图3-24和图3-25所示。

由图3-24和图3-25可知：15108工作面水力压裂试验煤层破裂压力为16 MPa左右，压裂半径大于4 m。

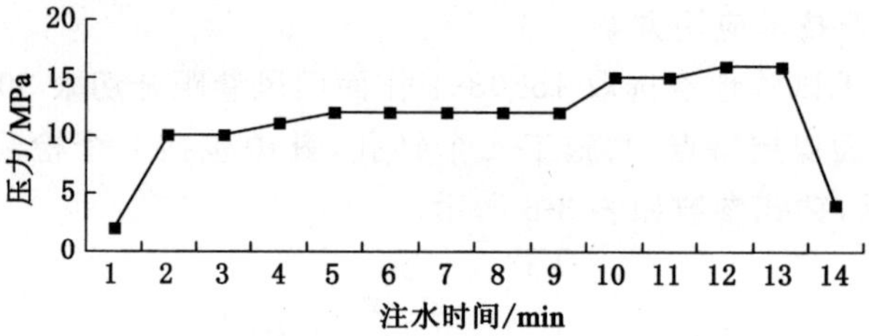

图 3-24　4# 孔注水压力与时间关系图

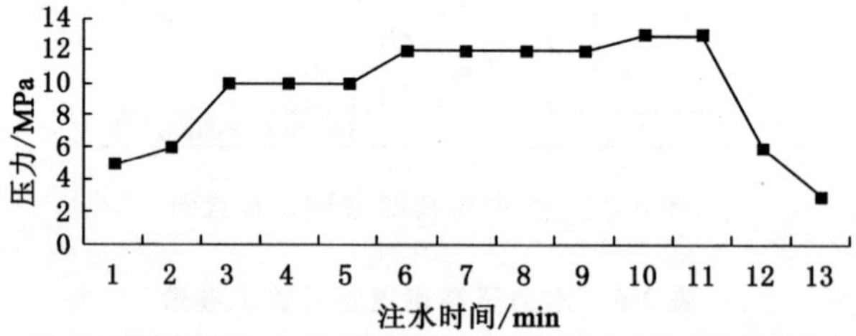

图 3-25　2# 孔注水压力与时间关系图

将压裂孔分别连接至瓦斯抽采管路，安装孔板流量计每天测量单孔瓦斯抽采浓度和流量，连续观测 15 d，观测数据见表 3-7。

表 3-7　水力压裂瓦斯抽采观测数据

	3# 观测孔		4# 压裂孔	
	抽采浓度/%	抽采纯流量/(m³/min)	抽采浓度%	抽采纯流量/(m³/min)
7 月 13 日(压裂前)	9.4	0.014 2	10.2	0.015 3
7 月 14 日(压裂前)	8.6	0.010 9	7.7	0.009 2
7 月 15 日(压裂前)	8.5	0.008 7	7.8	0.007 4
7 月 16 日(压裂前)	8.4	0.008 2	7.6	0.007 1
7 月 17 日(压裂前)	8.5	0.008 1	7.6	0.007 0
7 月 18 日	18.2	0.043 1	26.8	0.057 8
7 月 19 日	16.7	0.034 9	21.2	0.042 0
7 月 20 日	14.3	0.028 6	19.7	0.026 7
7 月 21 日	14.6	0.032 8	17.6	0.033 1
7 月 22 日	14.5	0.021 7	19.1	0.027 8
7 月 23 日	13.5	0.021 5	18.8	0.027 8
7 月 24 日	13.5	0.017 9	17.2	0.026 4
7 月 25 日	13.7	0.017 0	16.7	0.026 9
7 月 26 日	13.1	0.018 3	15.7	0.023 8
7 月 27 日	13.4	0.017 7	14.4	0.020 2
7 月 28 日	13.3	0.018 4	14.9	0.021 6
7 月 29 日	12.1	0.016 8	14.9	0.018 9

表 3-7(续)

	3# 观测孔		4# 压裂孔	
	抽采浓度/%	抽采纯流量/(m^3/min)	抽采浓度%	抽采纯流量/(m^3/min)
7 月 30 日	12.6	0.016 4	14.8	0.018 8
7 月 31 日	12.7	0.015 9	14.8	0.019 7
8 月 1 日	12.8	0.016 1	14.9	0.019 4

由表 3-7 可知，3# 观测孔封孔后瓦斯抽采纯流量为 0.014 2 m^3/min，浓度为 9.4%；压裂前抽采纯流量为 0.008 1 m^3/min，浓度为 8.5%，平均瓦斯抽采纯流量约为 0.01 m^3/min。压裂后，最大抽采纯流量为 0.043 1 m^3/min，最大抽采浓度为 18.2%；最小抽采纯流量为 0.015 9 m^3/min，最小抽采浓度为 12.1%。压裂后平均瓦斯抽采纯流量为 0.022 5 m^3/min，15 d累计抽采瓦斯 455.76 m^3。

4# 压裂孔封孔后瓦斯抽采纯流量为 0.015 3 m^3/min，浓度为 10.2%；压裂前抽采浓度为 7.6%，抽采纯流量为 0.007 0 m^3/min，平均抽采纯流量为 0.009 2 m^3/min。压裂后最大抽采纯流量为 0.057 8 m^3/min，最大抽采浓度为 26.8%；最小抽采纯流量为 0.018 8 m^3/min，最小抽采浓度为 14.4%。压裂后平均瓦斯抽采纯流量为 0.027 4 m^3/min，15 d 累计抽采瓦斯591.84 m^3。

水力压裂后 3# 观测孔和 4# 压裂孔瓦斯抽采浓度随时间变化曲线如图 3-26 所示，瓦斯抽采纯流量随时间变化曲线如图 3-27 所示。

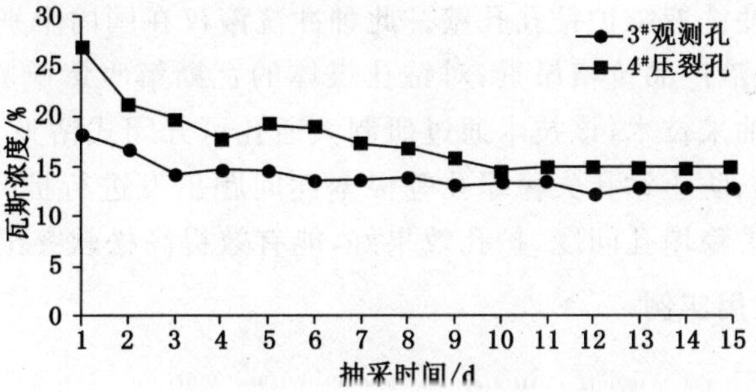

图 3-26　钻孔瓦斯抽采浓度随时间变化曲线

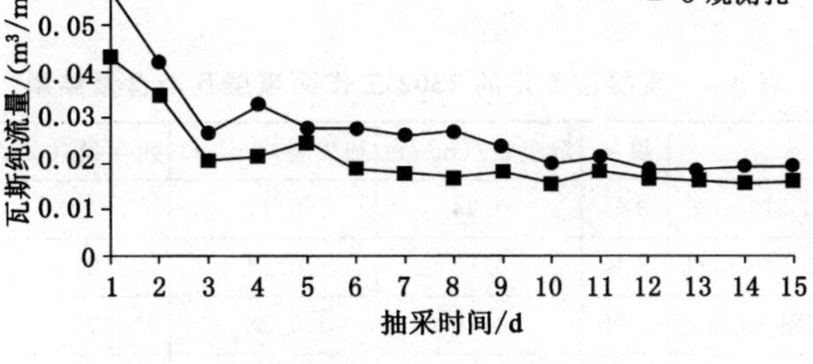

图 3-27　钻孔瓦斯抽采纯流量随时间变化曲线

此外，根据水力压裂时观测孔有水涌出现象，得出水力压裂钻孔在煤层走向上的压裂半径大于 4 m。

3.3 低渗透高瓦斯煤层大采高开采抽采钻孔防塌孔技术

3.3.1 大采高工作面防塌孔技术原理

钻孔抽采瓦斯技术作为防治煤与瓦斯突出事故的根本性措施之一，已被广泛采用。但在松软突出煤层中由于煤层松软，钻孔失稳塌孔严重，从而造成瓦斯抽采浓度低、抽采时间短等现象，瓦斯抽采效果很不理想。钻孔失稳塌孔是由于含瓦斯煤体具有流变特性，钻孔成孔后，随着时间的推移，钻孔周围的煤体在重新分布的地应力和瓦斯压力作用下遭到破坏，煤体中的原生裂隙发生滑动、错位等形变，从而产生更多的新生裂隙。同时，由于煤体中存在大量垂直交错的端割理、面割理，钻孔施工中产生的新裂隙沿着面割理、端割理双向发展，致使钻孔周围的煤体呈现破碎状态。破碎煤体的黏聚力急剧下降，当其小于临界值时，钻孔出现失稳塌孔现象，从而致使瓦斯抽采通道被堵，进而影响瓦斯抽采效果。

为此，普遍采用护孔的方法来防止钻孔失稳塌孔，主要方法有：① 在钻孔成孔以后，提出钻杆，下放瓦斯抽采筛管护孔。该方法需要在提钻时不断送风扫孔，费时费力，效率低下，筛管下放深度浅。② 钻孔施工完成后，在辅助装置作用下，下放瓦斯抽采筛管护孔。该方法在护孔筛管上安装滑轮、滚珠等辅助装置，减小护孔筛管与孔壁之间的摩擦，护孔筛管的下放深度有所增加，但是该方法的装置复杂，且筛管下放过程中经常发生孔内事故。③ 采用国外进口的可降解冲洗液维护钻孔孔壁。此种冲洗液仅在国内个别煤矿的定向钻孔钻进过程中使用，而且冲洗液产品价格昂贵，对钻孔煤体的瓦斯解吸影响亦有待考证。为此，提出全长筛管护孔瓦斯抽采技术，该技术通过研制大通孔可开闭式钻头、改进抽采设备等技术措施，从限制钻孔变形、防止钻孔失稳塌孔等根本性问题出发进行护孔，从根本上解决高瓦斯松软突出煤层钻孔失稳塌孔问题，护孔效果好，能有效提高松软突出煤层瓦斯抽采效果。

3.3.2 防塌孔技术应用实例

(1) 矿井概况

三元煤业股份有限公司下霍煤矿 2302 工作面煤层平均厚度 5.25 m，工作面沿煤层走向布置，属于倾斜长壁综采工作面。工作面采用一次采全高采煤法，全部垮落法管理顶板，工作面正常回采期间采用“U”形通风方式。表 3-8 为直接法测定的 2302 工作面煤层瓦斯含量结果。

表 3-8 直接法测定的 2302 工作面煤层瓦斯含量结果

测定地点	煤层	解吸量/(m^3/t)	损失量/(m^3/t)	残存量/(m^3/t)	原煤瓦斯含量/(m^3/t)
2302 工作面运输巷距开口 510 m 处	3 号	0.94	0.17	2.57	3.68
2302 工作面运输巷距开口 560 m 处	3 号	0.83	0.14	1.94	2.91
2302 工作面运输巷距开切眼 30 m 处	3 号	0.80	0.28	2.13	3.21
2302 工作面回风巷距开切眼 30 m 处	3 号	0.85	0.29	2.29	3.43

(2) 大采高工作面防塌孔技术应用方案

筛管护孔工艺技术原理如图 3-28 所示，首先使用大通孔三棱钻杆配合一字铰接钻头在松软煤层中施工瓦斯抽采钻孔，钻进至设计孔深后，将筛管经大通孔三棱钻杆内通孔下入，筛管推开一字铰接钻头中心横梁到达孔底，悬挂装置的弹卡张开并锚固在孔壁上，然后退出钻杆，筛管留在孔内，留在孔内的筛管可保证瓦斯抽采通道的畅通，延长钻孔的服务时间，从而改善瓦斯抽采效果。

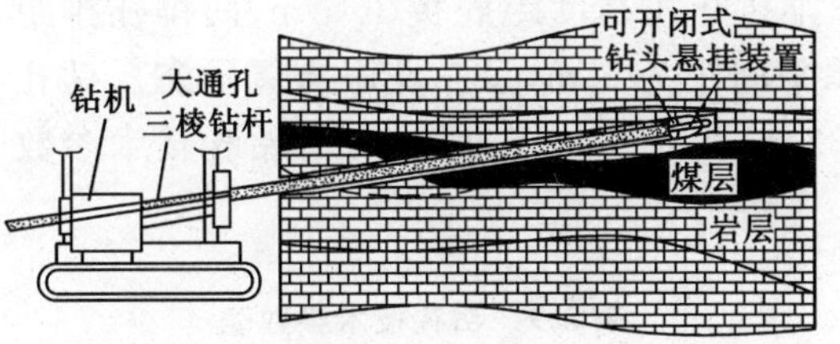

图 3-28　筛管护孔工艺技术原理

筛管护孔工艺技术配套装备由以下几部分组成：

① 一字铰接钻头。一字铰接钻头是钻进成孔时的碎煤部件。该钻头由空心钻头体、中心活动横梁两部分组成。中心活动横梁设置在空心钻头体唇面上，一端利用销轴固定在空心钻头胎体上，使其能绕销轴转动，另一端利用弹性钢球与胎体锁定。钻进时，中心活动横梁依靠设置在钻头体上的台阶和销轴传递钻进所需要的给进压力和扭矩，从而实现钻进功能。成孔后，利用大通孔螺旋钻杆内通孔将筛管输送到孔底。中心活动横梁在筛管轴向推力作用下锁定端可脱离钻头胎体，绕另一端的销轴转动打开中心通道，让筛管顺利穿过并进入钻孔。提钻后，中心活动横梁可人工复位，重复使用。

② 大通孔三棱钻杆。对比普通钻杆和三棱钻杆施工工艺可知：普通钻杆在钻进过程中，钻孔排粉不畅通，大量切割下的煤岩粉不能及时排到孔外而积压在孔内，煤岩粉主要沉积在孔内下部约 2/5 长度范围内，造成压钻、卡钻等异常现象，从而导致瓦斯抽采孔施工进度慢，影响孔深；三棱钻杆杆体采用三棱锥形结构，利用三棱差径搅拌使煤岩粉不致沉淀在孔底，形成 3 个排粉通道，可提高钻进效率。普通钻杆、三棱钻杆施工示意图分别如图 3-29 和图 3-30 所示。

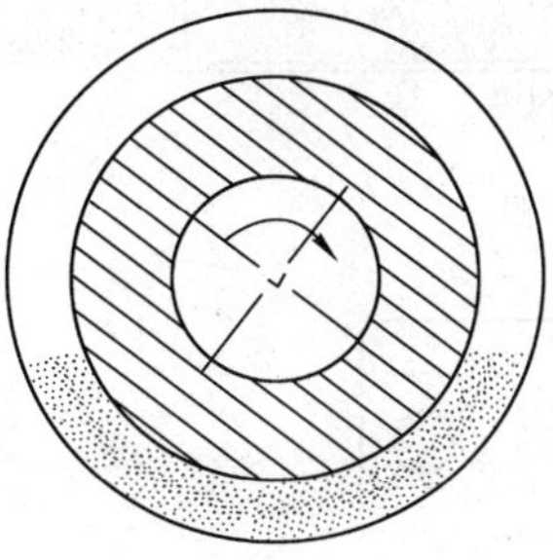
图 3-29　普通钻杆施工示意图

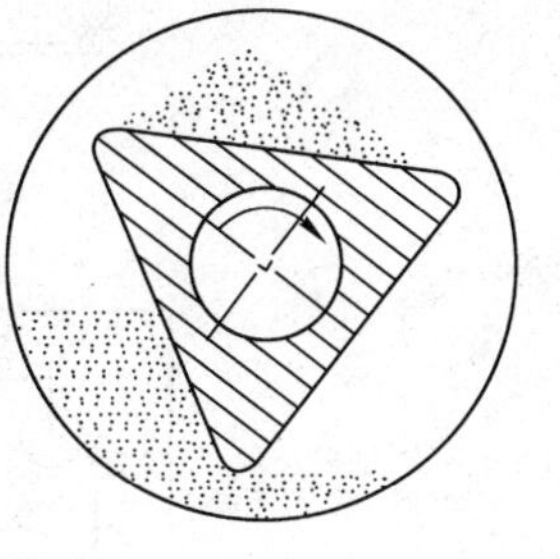
图 3-30　三棱钻杆施工示意图

③ 悬挂装置。悬挂装置连接在筛管最前端，悬挂装置如图 3-31 所示。装置前端有导向作用，这使得筛管可以顺利通过钻杆接头处的台阶。悬挂装置主要由弹簧、弹卡、固定销

轴、活动销轴和悬挂座组成，弹卡由固定销轴定位在悬挂座上，并由弹簧和活动销轴撑开或关闭。下放筛管时，由于钻杆的刚性约束，弹簧被压紧、活动销轴左移、弹卡内缩，从而实现正向移动；当悬挂装置通过钻头后，活动销轴右移，弹簧使弹卡张开，反向拉拽筛管，弹簧角度变大，弹卡进入孔壁，从而有效限制筛管滑移，实现筛管的悬挂固定。

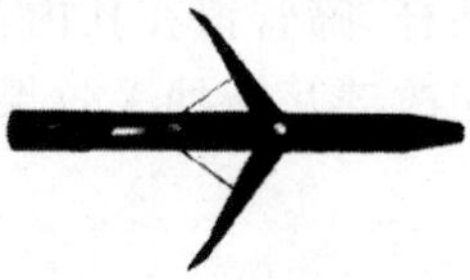

图 3-31　悬挂装置

在工作面回风巷向运输巷方向施工顺层双排钻孔。其中，上排孔采用平行钻孔，与巷道煤壁成 90°夹角；下排孔采用斜交钻孔，与巷道煤壁成 65°夹角。下排孔开孔高度距底板 1.5 m，两排孔排距为 0.6 m，间距为 6 m，水平间距为 3 m，呈三花眼布置形态。钻孔布置平面示意图见图 3-32，钻孔开孔位置见图 3-33，钻孔技术参数见表 3-9。

表 3-9　钻孔技术参数表

钻孔位置	钻孔与巷道煤壁夹角/(°)	钻孔与水平面夹角/(°)	孔深/m	孔径/mm	孔间距/m	封孔深度/m	封孔方式
上排孔	90	与煤层倾角相同	230	94	6	10	囊袋式水泥注浆封孔
下排孔	65	与煤层倾角相同	254	94	6	10	囊袋式水泥注浆封孔

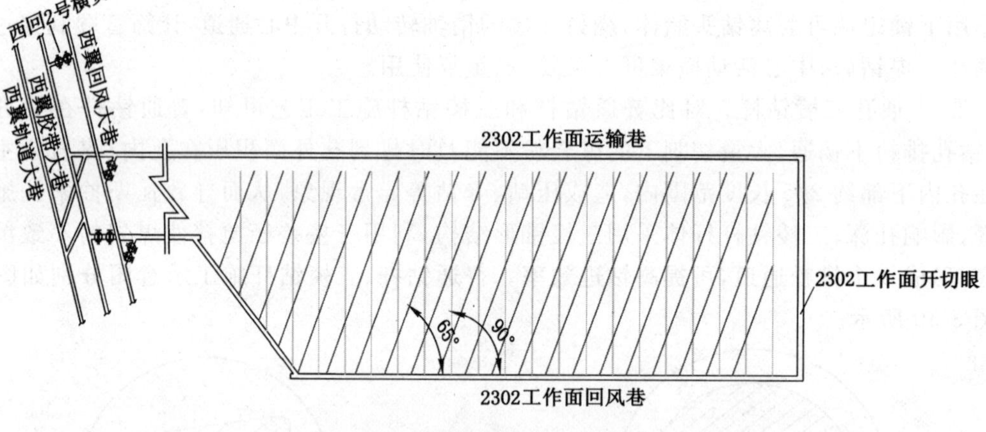

图 3-32　钻孔布置平面示意图

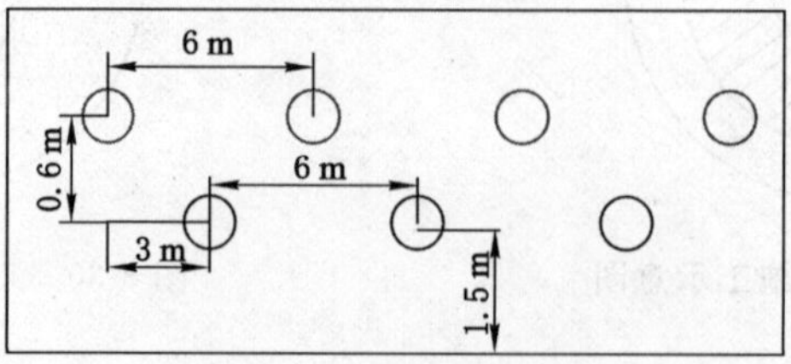

图 3-33　钻孔开孔位置示意图

在 2302 工作面回风巷分 4 组施工 12 个本煤层钻孔进行考察研究，孔间距均为 3 m。a 组：钻孔全长 150 m，下 30 m 长筛管护孔；b 组：钻孔全长 150 m，下 50 m 长筛管护孔；c 组：钻孔全长 150 m，下 70 m 长筛管护孔；d 组：钻孔全长 150 m，不下筛管正常封孔。钻孔直径为 94 mm，筛管直径为 32 mm。a、b 两组钻孔连接一个放水器，放水器连接至回风巷支管路抽采；c、d 两组钻孔连接一个放水器，放水器接入回风巷支管路抽采。钻孔布置示意图如图 3-34 所示。

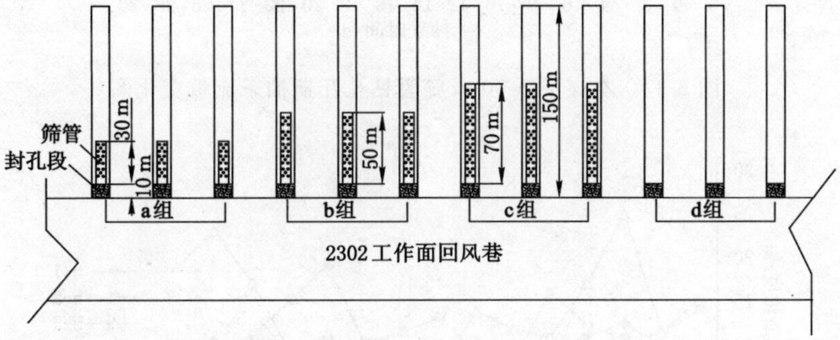

图 3-34　钻孔布置示意图

3.3.3　大采高工作面防塌孔技术效果考察

通过 CJZ70 型瓦斯抽放综合参数测定仪连续监测筛管试验孔和正常钻孔瓦斯抽采浓度、流量和负压参数，共收集 1 个月的参数数据，分析得出 4 组钻孔瓦斯混合流量与浓度的变化如图 3-35 至图 3-42 所示。

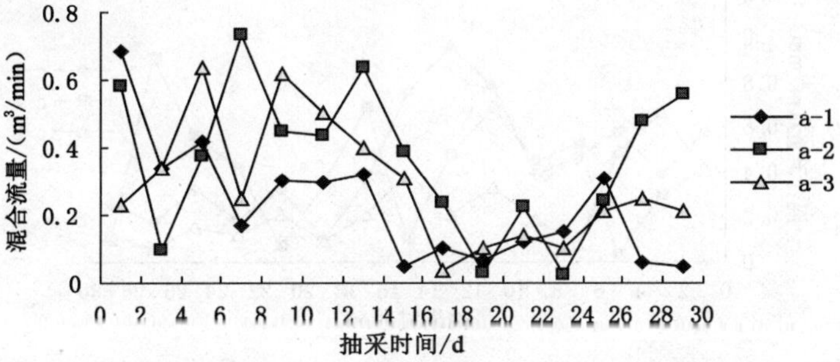

图 3-35　本煤层下 30 m 筛管钻孔瓦斯抽采流量变化图

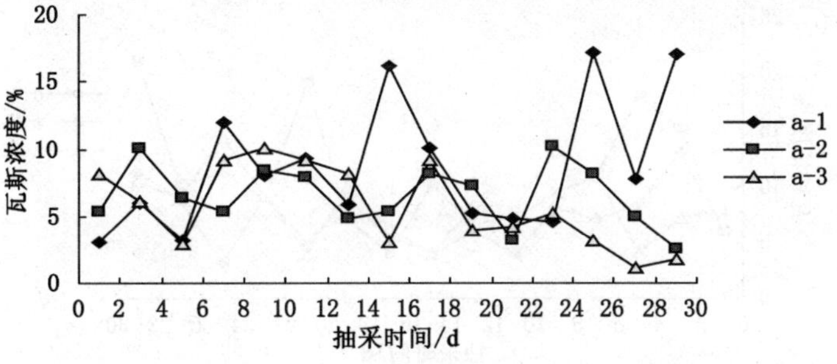

图 3-36　本煤层下 30 m 筛管钻孔瓦斯抽采浓度变化图

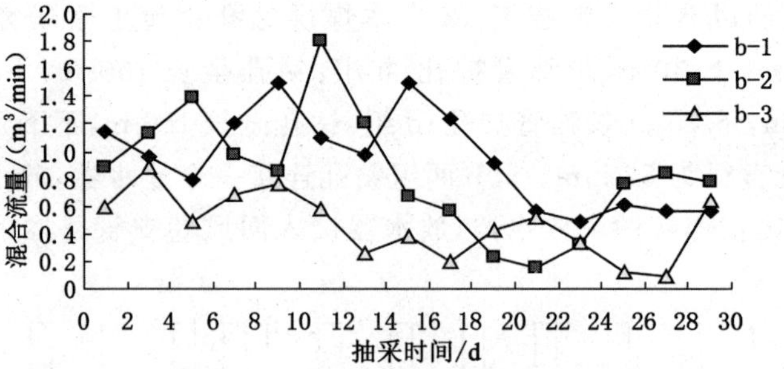

图 3-37　本煤层下 50 m 筛管钻孔瓦斯抽采流量变化图

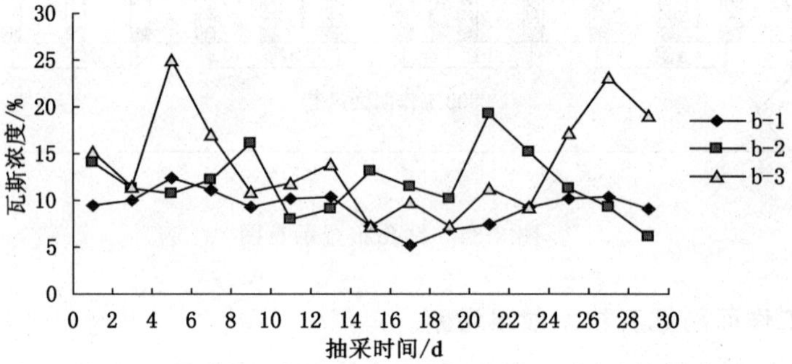

图 3-38　本煤层下 50 m 筛管钻孔瓦斯抽采浓度变化图

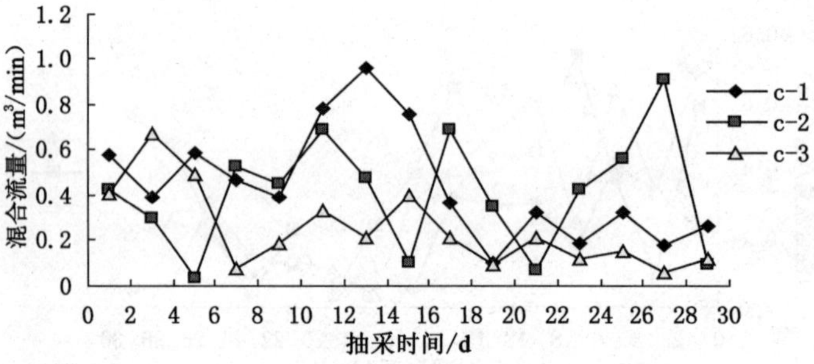

图 3-39　本煤层下 70 m 筛管钻孔瓦斯抽采流量变化图

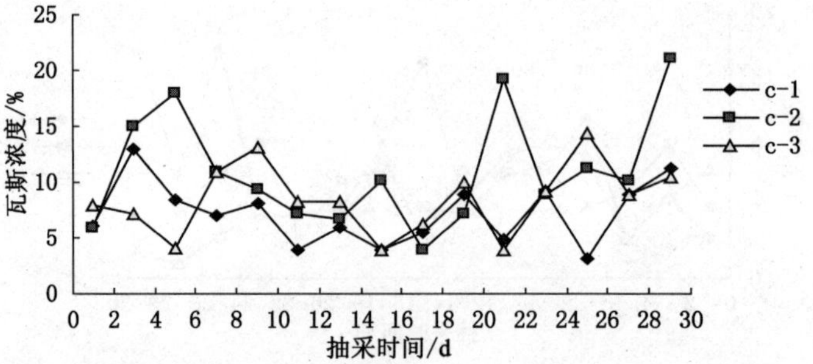

图 3-40　本煤层下 70 m 筛管钻孔瓦斯抽采浓度变化图

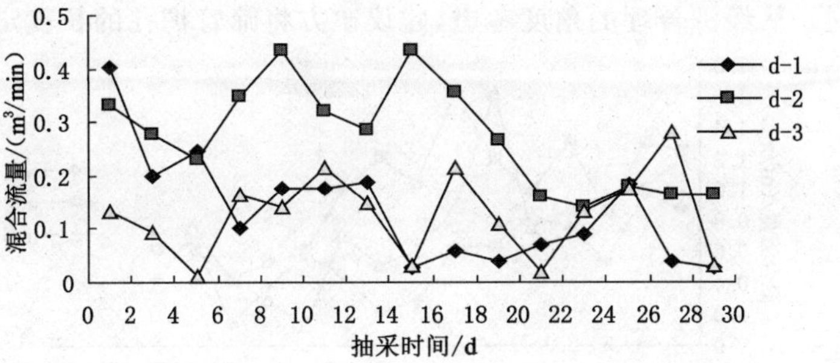

图 3-41　本煤层未下筛管钻孔瓦斯抽采流量变化图

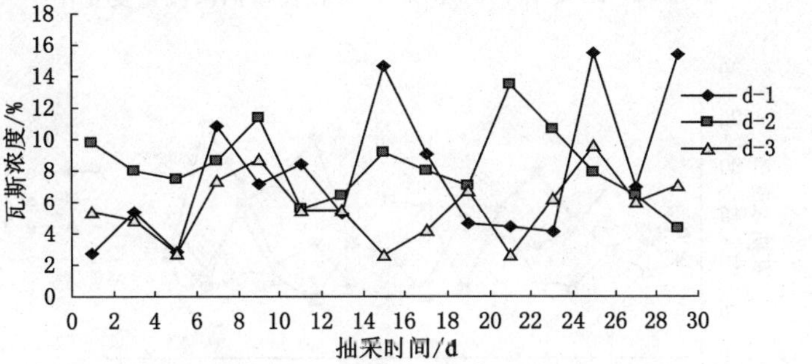

图 3-42　本煤层未下筛管钻孔瓦斯抽采浓度变化图

通过连续观测3组下筛管钻孔和邻近1组未下筛管普通钻孔的瓦斯抽采参数得出：

下筛管长度为30 m时，本煤层钻孔单孔瓦斯抽采混合流量为0.021～0.736 m^3/min，单孔平均混合流量为0.295 m^3/min，瓦斯抽采浓度基本稳定在7%左右。

下筛管长度为50 m时，本煤层钻孔单孔瓦斯抽采混合流量为0.091～1.800 m^3/min，单孔平均混合流量为0.748 m^3/min，瓦斯浓度基本稳定在12%左右。

下筛管长度为70 m时，本煤层钻孔单孔瓦斯抽采混合流量为0.038～0.960 m^3/min，单孔平均混合流量为0.367 m^3/min，瓦斯浓度基本稳定在11%左右。

未下筛管本煤层钻孔单孔瓦斯抽采混合流量为0.012～0.435 m^3/min，单孔平均混合流量为0.178 m^3/min，瓦斯浓度基本稳定在6%左右。

通过上述数据可以得出，下筛管护孔技术能有效提高钻孔瓦斯抽采混合流量和浓度。当筛管长度为30 m时，钻孔瓦斯抽采流量和浓度提高得不是很明显，说明大部分钻孔的塌孔深度超过30 m；当筛管长度为70 m时，钻孔瓦斯抽采混合流量与浓度相比50 m长的筛管反而变小，说明大部分钻孔塌孔深度未超过70 m，筛管越长反而影响抽采效果；当筛管长度为50 m时，单孔瓦斯抽采混合流量和浓度提高得最明显，说明大部分钻孔塌孔深度未超过50 m。为了进一步确定筛管长度选取50 m是否合理，在上述现场试验的基础上又增加一组筛管长度为60 m的钻孔进行试验。通过现场采集数据，绘制出钻孔瓦斯抽采混合流量和浓度的变化图，如图3-43和图3-44所示。

分析数据可以得出：当筛管长度为60 m时，本煤层钻孔单孔瓦斯抽采混合流量为0.134～1.624 m^3/min，单孔平均混合流量为0.759 m^3/min，瓦斯抽采浓度基本稳定在12%左右。相比50 m长筛管，其钻孔瓦斯抽采混合流量有小幅度升高但并不明显，瓦斯抽采浓度基本相同。从经济合理的角度考虑，建议矿方将筛管护孔的长度定为 50 m。

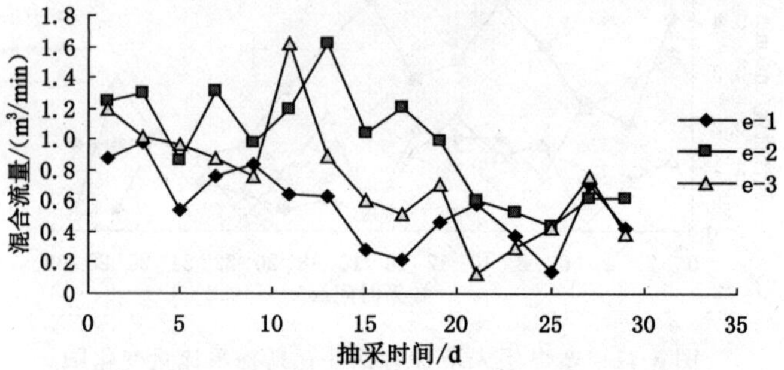

图 3-43　本煤层下 60 m 筛管钻孔瓦斯抽采流量变化图

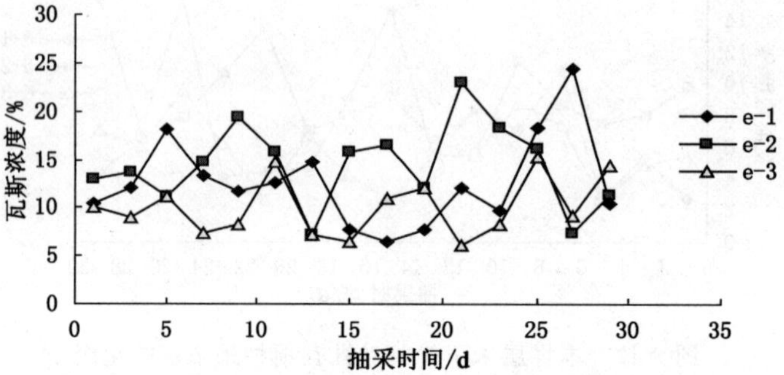

图 3-44　本煤层下 60 m 筛管钻孔瓦斯抽采浓度变化图

第 4 章　低渗透高瓦斯煤层大采高开采采动卸压瓦斯综合防治技术

4.1　大直径顶板走向长距离钻孔抽采技术

4.1.1　大直径顶板走向长距离钻孔抽采技术原理

煤层开采前，原始的煤层、围岩与瓦斯流体组成的系统处于均衡状态；开采后，随着工作面向前推进，工作面后方的煤层顶板不断垮落下来，采空区上方顶板变形产生裂隙，瓦斯原来的流动和赋存状态改变，从煤岩中通过贯穿的裂隙空间向采空区和工作面流动，甚至大量涌出。

根据升浮原理，一般情况下，矿井空气中若有瓦斯存在，由于瓦斯比周围气体的密度小（瓦斯的密度为空气密度的 0.554 倍），瓦斯会升浮。根据渗流原理，从拉普拉斯（Laplace）方程可知，由于裂隙通道或漏风通道两端有能量差，具备了使瓦斯沿通道流动的能量。因此，本煤层涌出的瓦斯就会沿顶板裂隙向上部离层裂隙区运移，即由垮落带向裂缝带运移。

采空区深部的瓦斯浓度（压力）高于工作面瓦斯浓度（压力），根据流体扩散原理，瓦斯会从浓度高的地方向浓度低的地方扩散，直至压力平衡。此外，在采空区靠近工作面的空间内，由于存在着漏风，在采空区内形成通风负压，邻近层与已采煤层采空区瓦斯沿裂缝带运移。其具体情况如图 4-1 所示。

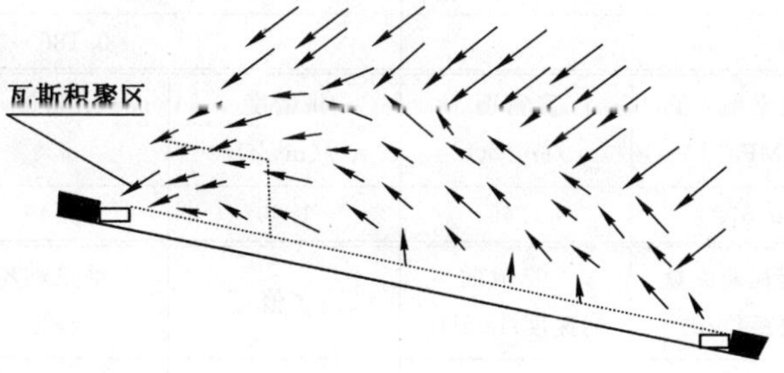

图 4-1　采空区瓦斯流场

若采空区没有抽采钻孔、抽采巷道或其他漏风通道，在风压差的作用下，垮落带煤岩孔隙中的气体和裂缝带裂隙中的气体将产生流动，裂隙壁中瓦斯渗出。若垮落带的上部含有邻近层及可采煤层采空区，则会成为流场中的瓦斯源，顶部的瓦斯浓度增加较快。如果这些高浓度瓦斯不能被及时抽出，则会流入垮落带内，最后流入工作面，从而造成工作面上隅角和回风流中的瓦斯浓度超限。

因此，顶板走向钻孔抽采瓦斯想要获得较好效果，首先钻孔在采空区顶板裂缝带内的长度越长越好；其次钻孔应该布置在采空区的上部裂隙离层发育区内，这样裂隙与钻孔沟通，形成通道，在瓦斯抽采负压的作用下，通道内形成很高的负压，大量的高浓度瓦斯可直接从钻孔中排出。

实践发现，顶板走向钻孔抽采煤层瓦斯具有施工速度快，钻场布置机动灵活等特点，但由于钻孔直径小，孔壁产生的裂隙小，抽采效果不如巷道抽采好。通过加大钻孔的直径，提高孔口抽采负压，可以弥补其不足。阳泉煤业(集团)有限责任公司同时进行了大直径钻孔、密集小直径钻孔和顶板岩巷瓦斯抽采对比试验。发现只要钻孔间距合适，大直径钻孔抽采技术指标可达到或超过顶板岩巷；与密集小直径钻孔相比，当工作面邻近层瓦斯涌出量大时，大直径钻孔抽采效果较优。

随着科技发展，大直径长钻孔的设备不断更新，从钻头到钻机都有了很大改进。常用的顶板走向瓦斯抽采钻孔，孔径一般为 75 mm。煤炭科学研究总院西安分院研制了牙轮钻头、金刚石复合片钻头、MKD—5 型钻机、MKD—5S 型钻机、MK—6 型钻机、MK—7 型钻机等，并在阳泉一矿 4108 工作面成功完成直径为 153～193 mm，深度分别为 603 m 和 508 m的 2 个钻孔，其终孔位置偏差小于孔深的 1%。

4.1.2 大直径顶板走向长距离钻孔抽采技术应用实例

(1) 矿井概况

马堡煤业有限公司主采 8 号和 15 号煤层，矿井绝对瓦斯涌出量为 40.19 m^3/min，相对瓦斯涌出量为 12.03 m^3/t，二氧化碳绝对涌出量为 5.78 m^3/min，相对涌出量为 1.73 m^3/t，为高瓦斯矿井。8 号煤层瓦斯基础参数测定结果如表 4-1 所示。

表 4-1 8 号煤层瓦斯基础参数测定结果

<table>
<tr><td colspan="3">瓦斯含量/(m³/t)</td><td colspan="3">瓦斯压力/MPa</td></tr>
<tr><td>标高/m</td><td colspan="2">埋藏深度/m</td><td colspan="2">标高/m</td><td>埋藏深度/m</td></tr>
<tr><td>+812 ～+1 102</td><td colspan="2">200～500</td><td colspan="2">+812 ～+1 102</td><td>200～500</td></tr>
<tr><td colspan="3">3.39～7.48</td><td colspan="3">0.186～0.685</td></tr>
<tr><td>吸附常数
a 值/(m³/t)</td><td>吸附常数 b 值
/MPa⁻¹</td><td>真密度
/(m³/t)</td><td>视密度
/(m³/t)</td><td>孔隙率
/%</td><td>百米钻孔瓦斯涌出强度
/(m³/min)</td></tr>
<tr><td>43.49</td><td>0.572</td><td>1.45</td><td>1.40</td><td>3.45</td><td>0.052 4</td></tr>
<tr><td>透气性系数
/[m²/(MPa² · d)]</td><td>钻孔瓦斯流量
衰减系数/d⁻¹</td><td>瓦斯放散
初速度/mmHg</td><td>f 值</td><td>抽采难易
程度</td><td>破坏类型</td></tr>
<tr><td>1.42</td><td>0.015 2</td><td>28.2</td><td>0.39</td><td>可以抽采</td><td>Ⅱ类</td></tr>
</table>

(2) 大直径顶板走向长距离钻孔抽采技术应用方案

8204 综采工作面煤层平均厚度为 1.8 m，根据理论计算及数值模拟分析，8204 综采工作面覆岩裂缝带高度为 11～33 m。根据“O”形圈瓦斯赋存理论，计算得出走向长距离钻孔终孔点距回风巷的水平距离为 20～58 m。因此，为了有效控制上邻近层瓦斯涌向采空区，在 8204 综采工作面回风巷顶板布置钻场，钻场距回风巷垂直距离为 14 m，在抽采初期控制 60 m 范围，接替钻场距离为 400 m，顶板走向长距离钻孔有效搭接长度为 20 m。顶板走向长距离钻孔布置平、剖面示意图如图 4-2 所示。

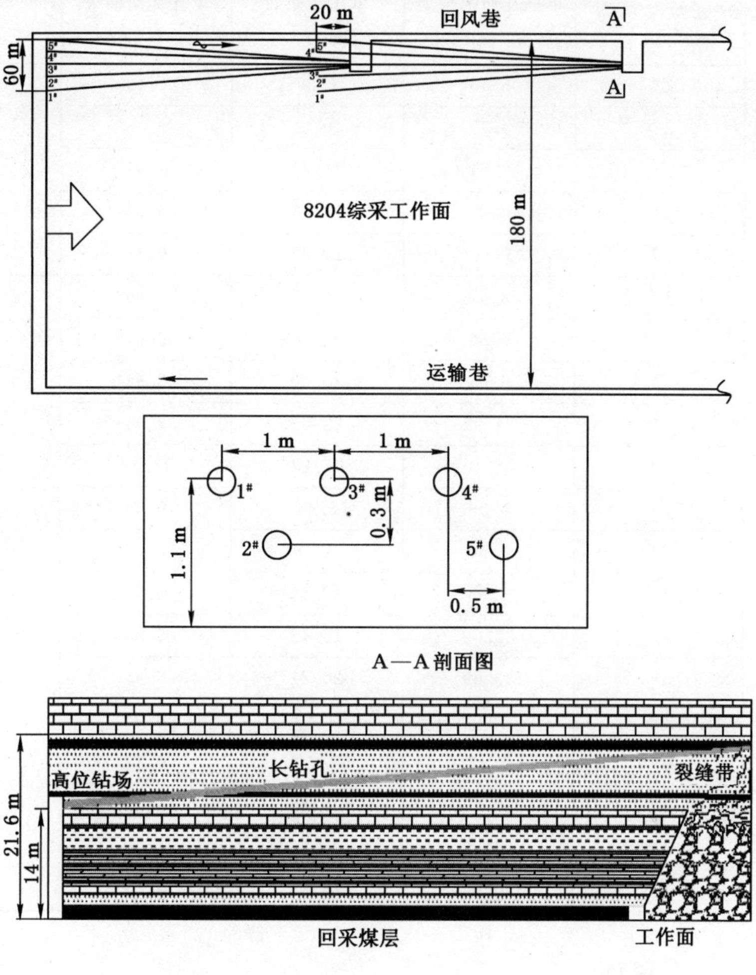

图 4-2　顶板走向长距离钻孔布置平、剖面示意图(图中长度未按比例绘制)

采用 ZDY6000L 型钻机及 ϕ113 mm 钻杆进行长钻孔施工，为增大抽采效率，抽采钻孔再扩孔两次，第一次扩孔直径 153 mm，第二次扩孔直径 193 mm，最终成孔直径 193 mm。

在施工过程中钻杆由于自重每米下沉 0.017 m，所以施工 420 m 钻孔钻杆的下沉高度为 0.017×420＝7.14 (m)。为了消除钻杆自重引起的下沉量，钻孔施工时需有一定的仰角来弥补钻杆的下沉。因工作面煤层倾角在 5°～12°之间，每个钻场的钻孔需要根据煤层的起伏状况调整仰角，以保证钻孔施工至煤层上部裂缝带内。

4.1.3　大直径顶板走向长距离钻孔抽采技术效果考察

为了考察研究该抽采技术在 8204 综采工作面的适应性，从 2013 年 11 月 15 日开始每 5 d对钻场内的单孔瓦斯抽采效果监测 1 次，钻孔负压为 2～3 kPa，监测统计结果见表 4-2 和图 4-3。

表 4-2　大直径顶板走向长距离钻孔抽采效果监测统计表

日期	孔号	单孔瓦斯抽采混合流量/(m^3/min)	单孔瓦斯抽采浓度/%	单孔瓦斯抽采纯流量/(m^3/min)	抽采总流量/(m^3/min)
2013-11-15	1#	6.15	7.89	0.49	14.22
	2#	4.75	3.18	0.15	
	3#	9.01	21.22	1.91	
	4#	33.25	15.09	5.02	
	5#	34.58	19.22	6.65	
2013-11-20	1#	8.42	11.40	0.96	23.55
	2#	6.80	5.00	0.34	
	3#	9.81	30.00	2.94	
	4#	34.92	23.02	8.04	
	5#	41.40	27.22	11.27	
2013-11-25	1#	5.98	6.44	0.39	14.72
	2#	4.66	3.22	0.15	
	3#	8.83	22.46	1.98	
	4#	32.59	16.43	5.35	
	5#	33.89	20.21	6.85	
2013-11-30	1#	8.93	9.40	0.84	24.58
	2#	6.18	4.60	0.28	
	3#	16.71	25.86	4.32	
	4#	35.23	24.86	8.76	
	5#	40.95	25.34	10.38	

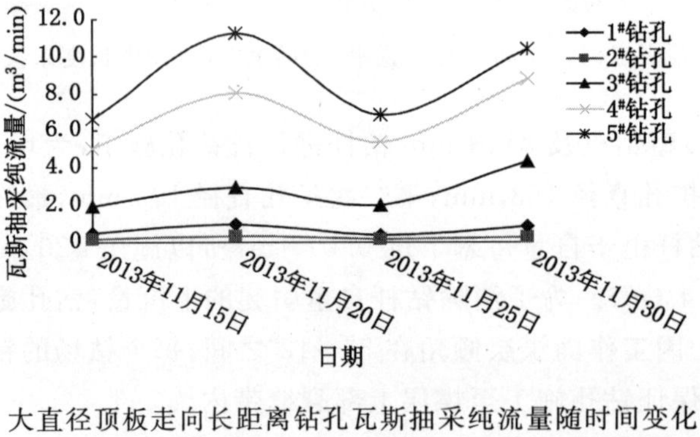

图 4-3　大直径顶板走向长距离钻孔瓦斯抽采纯流量随时间变化曲线图

从表 4-2 和图 4-3 可以看出，该抽采技术瓦斯抽采总流量在 14.22～24.58 m^3/min，其瓦斯抽采效果与周边矿井采用高抽巷抽采效果相当。所以，大直径顶板走向长距离钻孔在马堡煤业有限公司具有较强的实用性，能够对 8 号煤层邻近层瓦斯进行有效拦截，从而减少上隅角瓦斯涌出量。

为掌握邻近层瓦斯涌出情况，连续对钻孔瓦斯抽采总流量、风排瓦斯流量进行测定。大直径顶板走向长距离钻孔瓦斯抽采总流量、风排瓦斯流量和工作面支架平均支护强度随工作面推进距离的变化关系见图 4-4。可以看出：

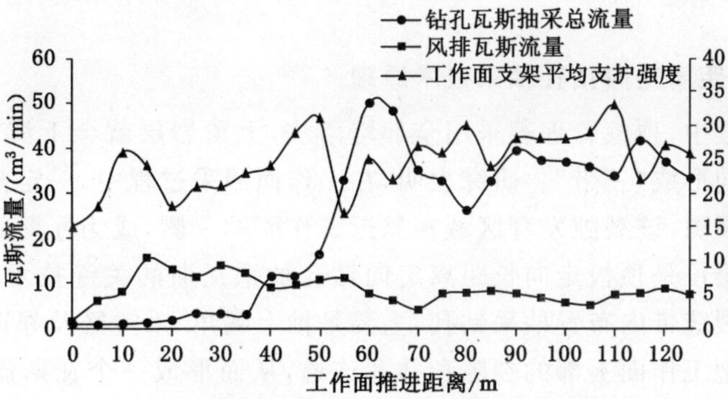

图 4-4　大直径顶板走向长距离钻孔瓦斯抽采总流量、风排瓦斯流量和支架平均支护强度随工作面推进距离的变化关系

① 工作面推进未达 10 m 时，直接顶尚未垮落，但顶板已出现少量裂隙，邻近层瓦斯开始涌出，风排瓦斯流量为 6.5 m^3/min，顶板钻孔没有进行抽采。

② 工作面推进 10 m 时，直接顶垮落，顶板裂隙继续发育，一定范围内的解吸和游离瓦斯沿着裂隙通道大量涌入回采空间，风排瓦斯流量最大值出现在直接顶垮落 2 个工作班之后（瓦斯涌出相对顶板运动具滞后性），达到 15.5 m^3/min，工作面上隅角瓦斯浓度超限，采空区瓦斯浓度实测达到 4%以上。顶板钻孔没有进行抽采。

③ 工作面推进 35 m 时，基本顶开始出现弯曲下沉，上方岩层受基本顶弯曲变形影响开始卸压，钻孔附近岩层形成少量裂隙，顶板钻孔开始抽采邻近层瓦斯，抽采流量达到 12 m^3/min。随着工作面的推进，上覆岩层的卸压范围不断扩大，裂隙逐渐发育，顶板钻孔抽采流量达到 23 m^3/min。同时，随着顶板钻孔开始抽采邻近层瓦斯，风排瓦斯流量也相应减小，上隅角瓦斯浓度也控制在 0.6%以内。

④ 工作面推进 50 m 时，初次来压，基本顶垮落，上覆岩层内产生上下贯通的穿层裂隙，上覆含瓦斯煤岩体充分卸压，产生瓦斯运移通道，其内瓦斯大量持续解吸并随游离瓦斯一起在顶板钻孔的高负压下被大量抽出，瓦斯抽采流量达到 50 m^3/min，形成第一个瓦斯抽采流量峰值。

⑤ 随着工作面继续推进，采空区不断被压实，裂隙场中裂隙再次闭合，瓦斯抽采流量减小；随着工作面不断推进，新的裂隙场形成裂隙渐次发育，瓦斯解吸速度增加，第一次周期来压时期，抽采流量再次迅速上升形成第二个峰值，达到 40 m^3/min，第二次周期来压时期瓦斯抽采流量达到 42 m^3/min。

结合图 4-4 分析工作面连续推进 125 m 过程中钻孔瓦斯抽采流量变化规律，可以得出采空区顶板裂隙分布的基本规律，由于工作面的不断推进，支承压力的峰值不断前移，围岩应力的降低区、升高区、恢复区也不断发生交替变化，裂隙场随之不断前移；分析瓦斯抽采流量变化规律可以初步得出采空区上覆邻近层裂隙分布规律，结合矿山压力变化规律可以得出钻孔瓦斯抽采流量的变化滞后于顶板运动 1～2 个工作班，瓦斯抽采流量的峰值与顶板周期性来压具有关联性，说明采空区瓦斯大量涌出的现象也是一种矿山压力显现。随着采煤工作面的推进，上覆岩层裂隙场不断经历裂隙发育、闭合过程，裂隙区与压实区不断交替。

4.2 顶板走向长距离定向钻孔抽采技术

4.2.1 顶板走向长距离定向钻孔抽采技术原理

在煤层开采过程中，顶板管理若采用全部垮落法，上覆岩层就会下沉，这样会在采空区的上方沿着垂直方向形成“三带”。研究表明，在工作面回采过程中，一定范围内的采空区的上覆岩层中会发育裂隙，该裂隙发育区域在靠近工作面的一侧，成为瓦斯的聚集区域。

确定钻孔布置层位是顶板走向长距离定向钻孔抽采瓦斯的关键技术。根据以上分析，应该在上覆岩层的裂缝带内布置抽采钻孔，主要是抽上隅角、采空区及邻近层的瓦斯。这种布置方式的作用是把工作面上部的裂隙和钻孔连通，从而形成一个瓦斯流动的通道。通过负压抽采，该通道与周围环境形成负压差，这样大量的泄压瓦斯就会沿该通道被抽出。如果在垮落带内布置钻孔，钻孔和垮落带之间会形成很畅通的通道，垮落带周围的空气就会涌入瓦斯抽采通道，从而影响瓦斯抽采浓度，这样抽采管路中的瓦斯浓度低。若钻孔布置在弯曲下沉带内，由于该区域内没有裂隙发育，工作面与钻孔之间形不成抽采通道，瓦斯很难被抽出，这样抽采流量就很低。

顶板走向长距离定向钻孔抽采瓦斯主要基于两点：一是要抽采上隅角瓦斯时，应沿顶板走向布置钻孔，且位于回风巷内侧（靠工作面侧）的顶板岩层内，这样就能降低上隅角瓦斯浓度；二是要抽采采空区或邻近层的卸压瓦斯时，应将钻孔打到采空区上方的裂缝带内，这样就能有效控制采空区和邻近层的瓦斯涌向工作面。

钻孔布置在上覆岩层的裂缝带中，集中了顶板走向穿层钻孔抽采方法和顶板高抽巷抽采方法的优势。顶板走向长距离定向钻孔抽采技术已经在寺河矿和沙曲矿进行了应用，该技术已经趋于成熟。在工作面采煤结束后，仍然可以对采空区进行抽采，且抽采过程中便于监测和管理。顶板千米定向钻孔布置示意图如图 4-5 所示。

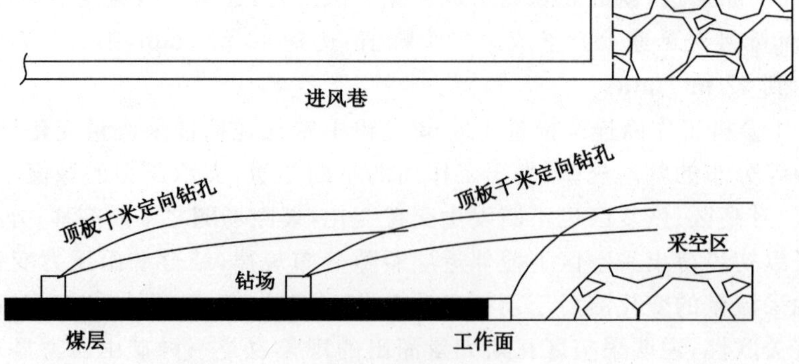

图 4-5 顶板千米定向钻孔布置示意图

国内外对瓦斯抽采的大量试验表明，使用千米定向钻孔抽采瓦斯是瓦斯抽采的明智选择，也是必然趋势。千米定向钻孔可以用于抽采采空区的瓦斯，还可以对邻近层瓦斯进行抽采。所以，千米定向钻孔抽采瓦斯具有很好的发展前景。

4.2.2　顶板走向长距离定向钻孔抽采技术应用实例

(1) 矿井概况

三元煤业股份有限公司为高瓦斯矿井，矿井绝对瓦斯涌出量为 39.17 m^3/min，相对瓦斯涌出量为 11.59 m^3/t。2305 综放工作面位于井田 3 号煤层二采区，工作面标高＋600～＋630 m，走向长度 2 063 m，倾向长度 141 m。工作面采用"U"形全负压通风方式，配风量为 2 400 m^3/min。2305 工作面煤层瓦斯基础参数测试结果如表 4-3 所示。

表 4-3　2305 工作面煤层瓦斯基础参数测试结果

煤层		3 号煤
瓦斯含量/(m^3/t)		10.56～12.98
瓦斯吸附常数	a/(m^3/t)	29.404 0～31.960 1
	b/MPa^{-1}	1.016～1.110
工业分析	水分/%	0.73～0.91
	灰分/%	10.27～10.93
	挥发分/%	15.57～16.84
瓦斯压力/MPa		0.39～0.57
煤的孔隙率/%		3.45～5.95
瓦斯放散初速度/mmHg		12.24～12.51
煤层透气性系数/[m^2/(MPa·d)]		1.641～3.157
钻孔瓦斯流量衰减系数/d^{-1}		0.035 6～0.036 3

(2) 顶板走向长距离定向钻孔抽采技术应用方案

根据 3 号煤层瓦斯涌出量研究报告，邻近层瓦斯涌出量占采煤工作面瓦斯涌出量的 52.1%，为有效拦截邻近层瓦斯和采空区瓦斯向采煤工作面涌出，决定采用顶板走向长距离定向钻孔抽采。根据理论计算及数值模拟分析，2305 综放工作面覆岩裂缝带高度为 16.06～64.99 m。根据"O"形圈理论，抽采钻孔终孔点距回风巷水平距离为 0～48 m。在 2305 综放工作面回风巷开掘钻场，顶板定向主钻孔长度为 600 m，支钻孔长度为 400 m。为避免工作面推进到钻场时，钻孔抽采失效而导致瓦斯浓度升高，确定顶板千米定向钻孔有效搭接长度为 30 m。顶板千米定向钻孔布置平、剖面示意图如图 4-6 所示。

采用 ZDY6000LD 型井下定向钻机和 ϕ113 mm 钻杆施工定向钻孔。13 号钻场共打5 个钻孔，编号依次是 2305-13-1、2305-13-2、2305-13-3、2305-13-4、2305-13-5，且每个钻孔打 1 个支孔。17 号钻场共打 5 个钻孔，编号依次是 2305-17-1、2305-17-2、2305-17-3、2305-17-4、2305-17-5，且每个钻孔打 1 个支孔。13 号钻场各钻孔参数如表 4-4 所示。

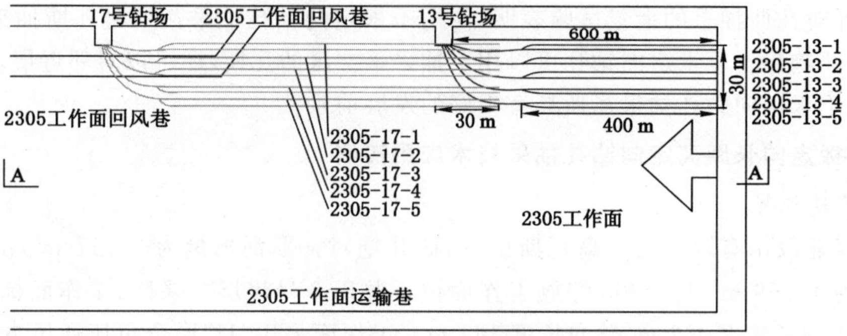

(a) 顶板千米定向钻孔布置平面图

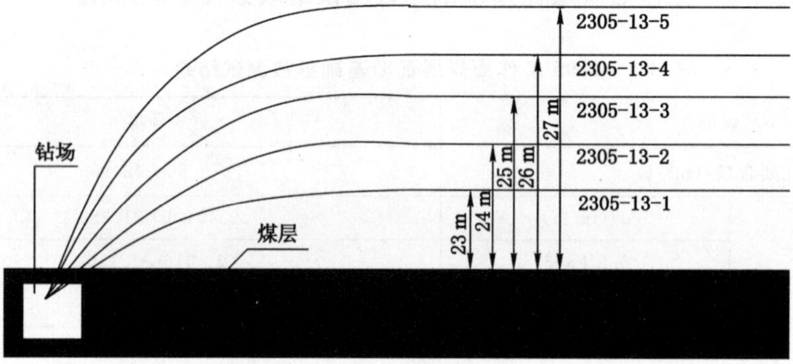

(b) 顶板千米定向钻孔布置剖面图(A—A剖面)

图 4-6　顶板千米定向钻孔布置平、剖面示意图(图中长度未按比例绘制)

表 4-4　13 号钻场千米定向钻孔参数设计表

孔号	支孔个数	开孔方位角/(°)	目标方位角/(°)	孔径/mm	钻孔总长度/m	孔别	投影总长度/m
2305-13-1	1	205	210	110	1 000	主孔	600
						支孔	400
2305-13-2	1	199	210	110	1 000	主孔	600
						支孔	400
2305-13-3	1	190	210	110	1 000	主孔	600
						支孔	400
2305-13-4	1	202	210	110	1 000	主孔	600
						支孔	400
2305-13-5	1	205	210	110	1 000	主孔	600
						支孔	400

4.2.3　顶板走向长距离定向钻孔抽采技术效果考察

在 2305 工作面回风巷铺设螺旋焊缝钢管支管，管径 426 mm，支管服务于千米定向钻孔抽采。从 2015 年 8 月 15 日开始，每间隔 2 d 对钻场内 5 个钻孔瓦斯抽采浓度、流量进行监测，钻孔负压为 10～12 kPa，单孔瓦斯抽采混合流量随时间变化关系如图 4-7 所示，单孔瓦斯抽采纯流量随时间变化关系如图 4-8 所示，单孔瓦斯抽采浓度随时间变化关系如图 4-9

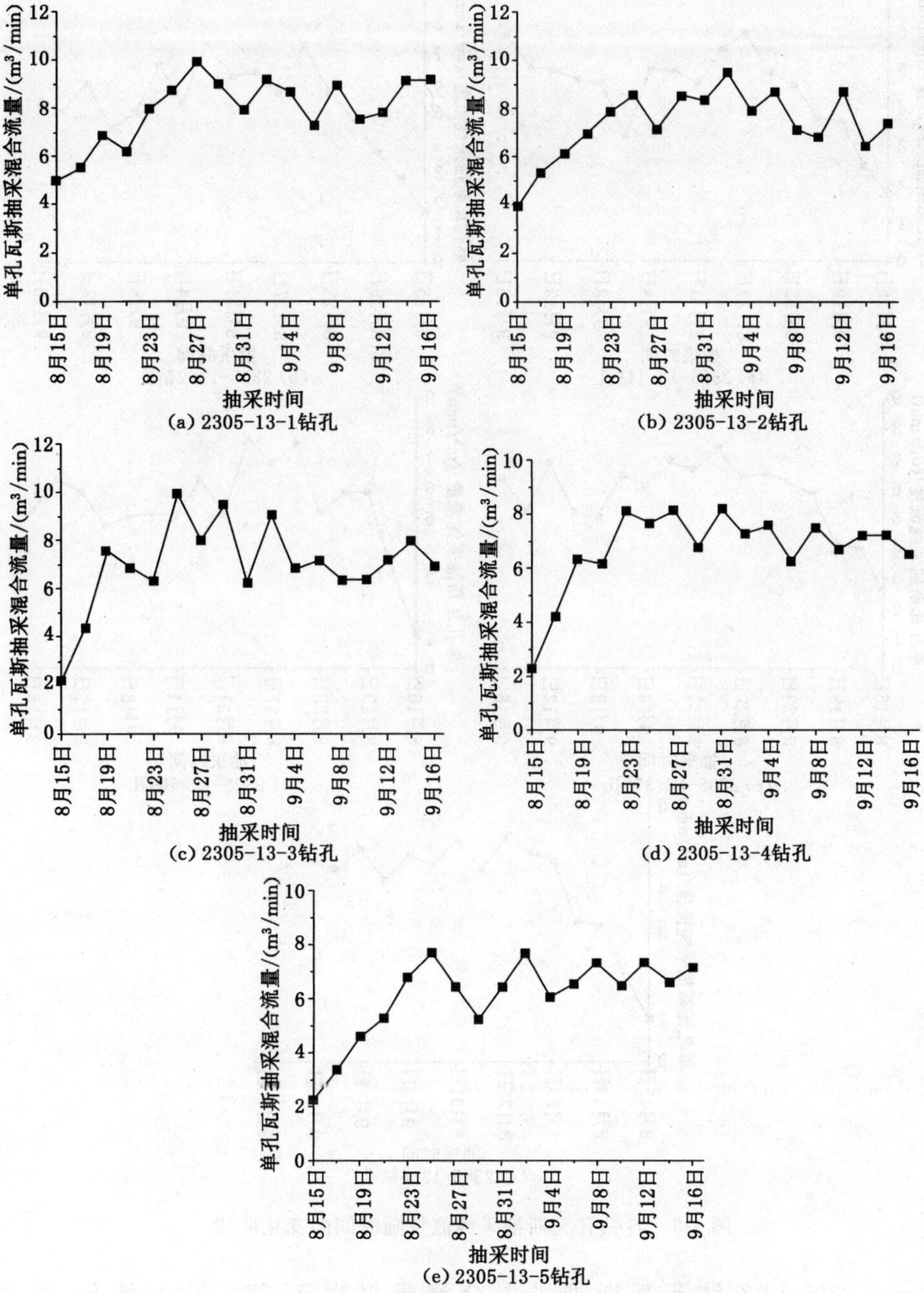

图 4-7　各钻孔瓦斯抽采混合流量随时间的变化曲线

所示，支孔瓦斯抽采混合流量随时间变化关系如图 4-10 所示，支孔瓦斯抽采浓度随时间变化关系如图 4-11 所示，支孔瓦斯抽采纯流量随时间变化关系如图 4-12 所示。

从图 4-7 可以看出：各钻孔瓦斯抽采混合流量普遍较大，平均都在 6 m^3/min 以上；各钻孔在抽采前期抽采混合流量都比较小，随着抽采时间的增加，抽采混合流量逐渐增长，最后基本趋于平稳。从各钻孔数据分析，2305-13-1 钻孔平均瓦斯抽采混合流量最大，为

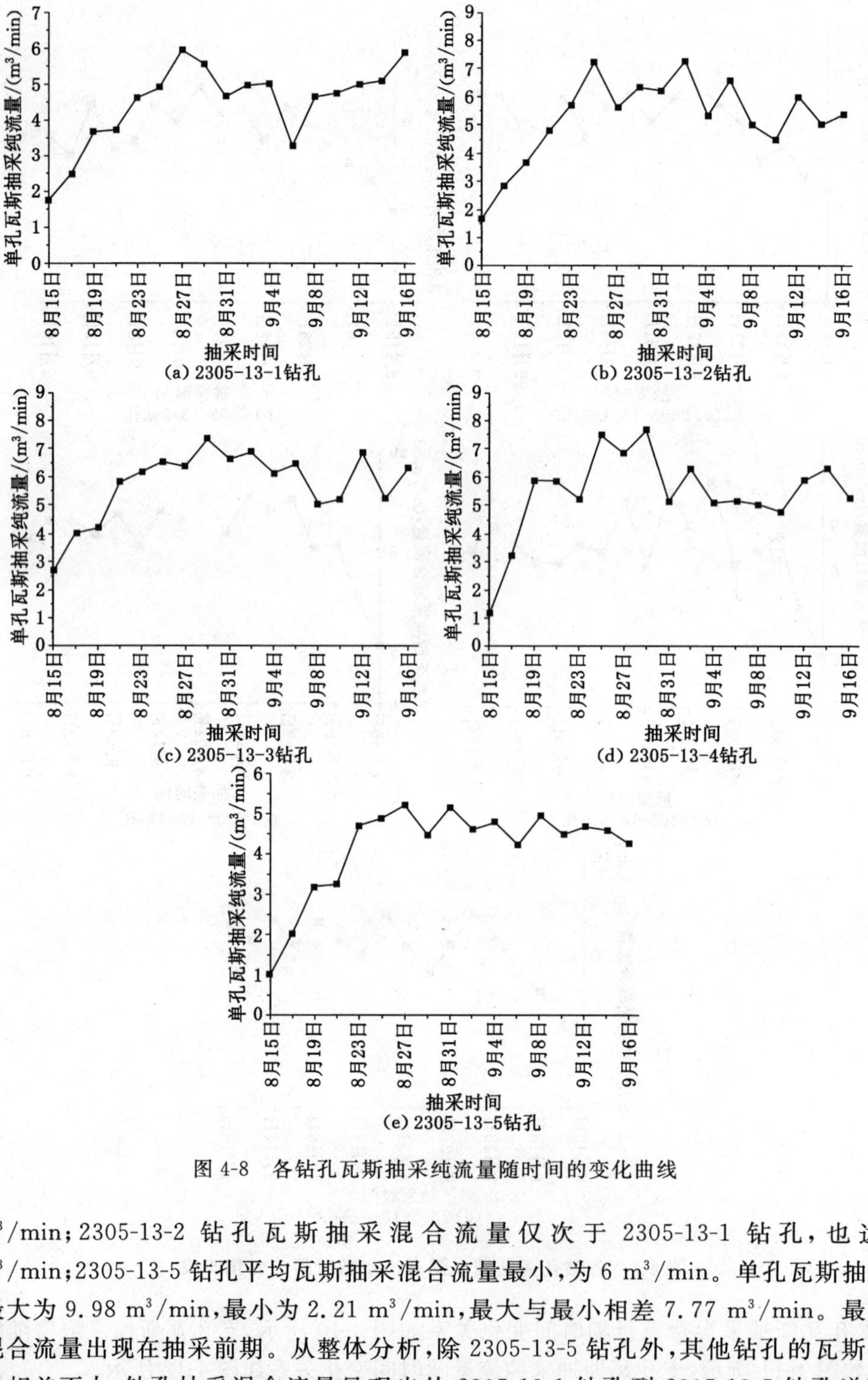

图 4-8　各钻孔瓦斯抽采纯流量随时间的变化曲线

7.9 m^3/min；2305-13-2 钻孔瓦斯抽采混合流量仅次于 2305-13-1 钻孔，也达到了 7.3 m^3/min；2305-13-5 钻孔平均瓦斯抽采混合流量最小，为 6 m^3/min。单孔瓦斯抽采混合流量最大为 9.98 m^3/min，最小为 2.21 m^3/min，最大与最小相差 7.77 m^3/min。最小瓦斯抽采混合流量出现在抽采前期。从整体分析，除 2305-13-5 钻孔外，其他钻孔的瓦斯抽采混合流量相差不大，钻孔抽采混合流量呈现出从 2305-13-1 钻孔到 2305-13-5 钻孔递减的趋势。从钻孔瓦斯抽采混合流量看，抽采效果较好。

从图 4-8 分析看，各钻孔瓦斯抽采纯流量普遍较高，抽采效果明显。各钻孔平均瓦斯抽采纯流量均在 4.1 m^3/min 以上，2305-13-3 钻孔最大，为 5.78 m^3/min，2305-13-4 钻孔仅次

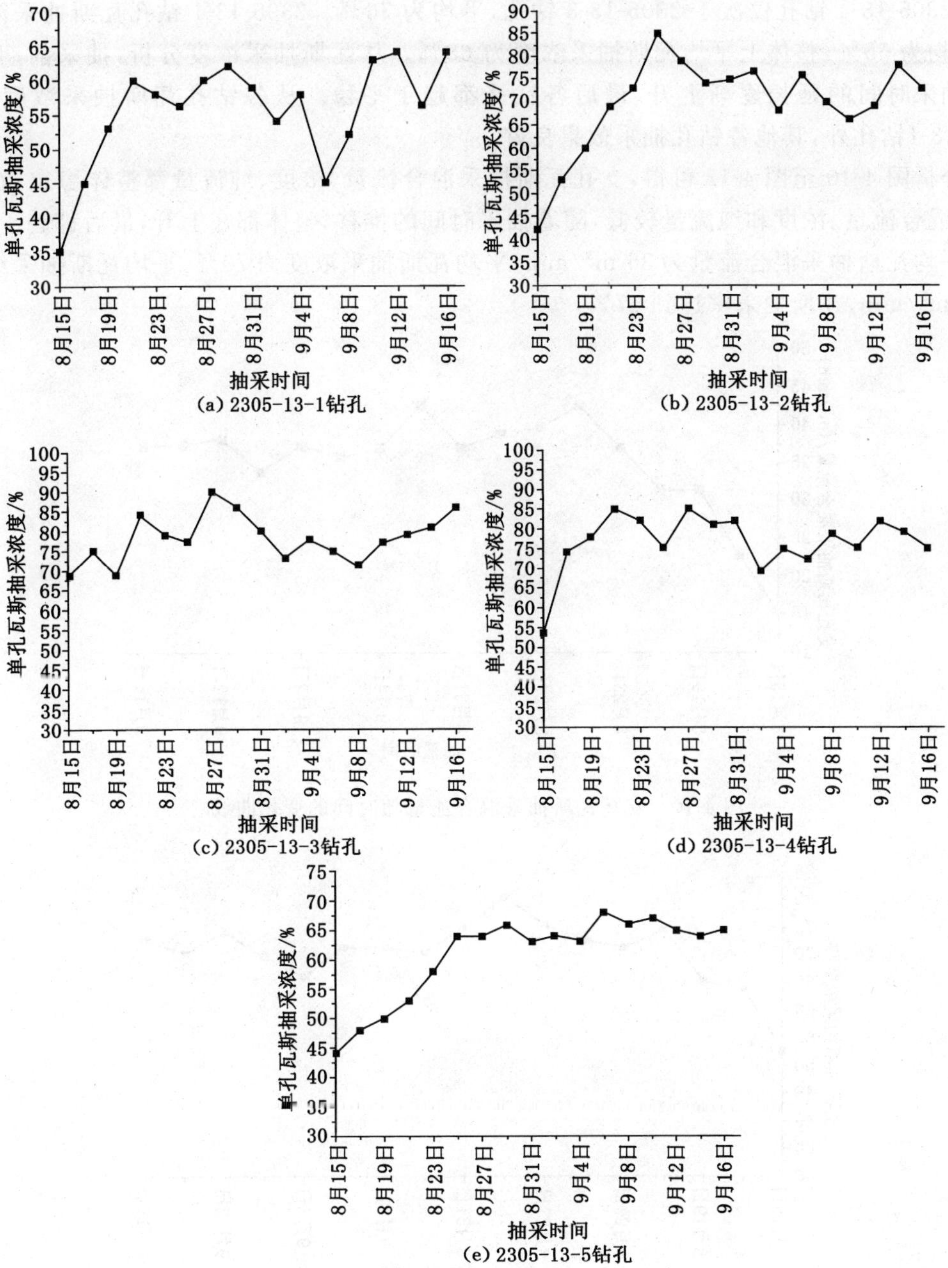

图 4-9　各钻孔瓦斯抽采浓度随时间的变化曲线

于 2305-13-3 钻孔，为 5.43 m^3/min，2305-13-5 钻孔最小，为 4.14 m^3/min。单孔瓦斯抽采纯流量最大为 7.4 m^3/min，最小为 1.1 m^3/min，较小的瓦斯抽采纯流量出现仅是个别现象，而且出现在抽采前期。整体而言，瓦斯抽采纯流量随着抽采时间的延长而增大，最后趋于平稳。

从图 4-9 可知，各钻孔瓦斯抽采浓度大部分集中在 50%～80%之间，除个别浓度低于 50%外，整体上浓度趋于稳定，无较大的波动。2305-13-3 钻孔瓦斯抽采浓度最大，平均为

78%,2305-13-4 钻孔仅次于 2305-13-3 钻孔,平均为 76%。2305-13-1 钻孔瓦斯抽采浓度最小,平均为 55%,整体上平均瓦斯抽采浓度为 68%。从瓦斯抽采浓度分析,抽采前期较小,随着抽采时间的延长逐渐上升,最后各钻孔都趋于平稳。从各钻孔瓦斯抽采浓度看,除 2305-13-1钻孔外,其他各钻孔抽采效果良好。

分析图 4-10 至图 4-12 可得,支孔瓦斯抽采混合流量、浓度、纯流量都整体稳定;在抽采前期,混合流量、浓度和纯流量较低,随着抽采时间的推移,整体都在上升,最后都趋于平稳。支孔平均瓦斯抽采混合流量为 35 m^3/min,平均瓦斯抽采浓度为 70%,平均瓦斯抽采纯流量为 25 m^3/min,瓦斯抽采率达到 67%。

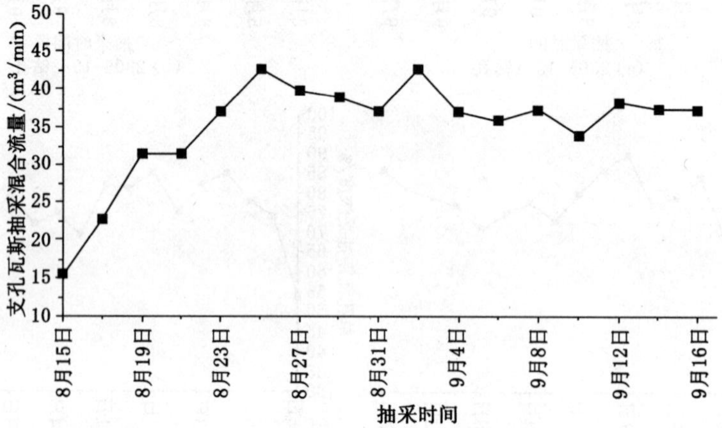

图 4-10　支孔瓦斯抽采混合流量随时间的变化曲线

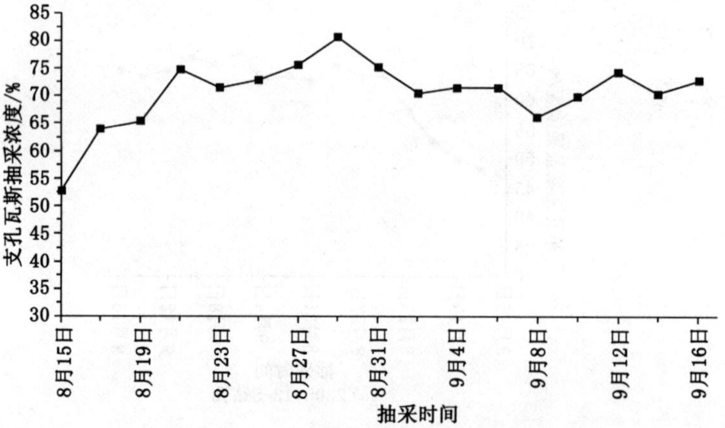

图 4-11　支孔瓦斯抽采浓度随时间的变化曲线

运用顶板千米定向钻孔对 2305 工作面进行抽采,抽采 1 个月后,工作面上隅角瓦斯浓度明显下降,由原来的 0.86%下降到 0.55%,极大地改善了工作面瓦斯浓度高的情况。因此,顶板千米定向钻孔抽采效果较好,能够消除邻近层瓦斯涌向工作面的困扰,达到了安全生产的目的。

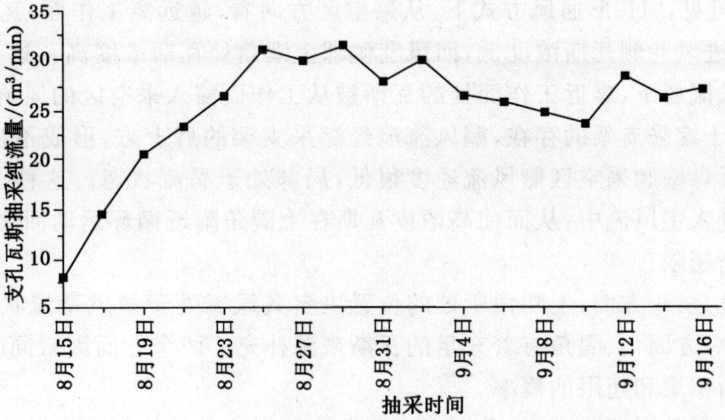

图 4-12　支孔瓦斯抽采纯流量随时间的变化曲线

4.3　采空区大直径钻孔抽采技术

4.3.1　采空区大直径钻孔抽采技术原理

井下采煤工作面若采用“U”形上行通风方式，风流从进风巷流入回风巷后流出，部分风流在经过工作面时，从下隅角至工作面中部流入采空区。流入采空区的风流和采空区瓦斯混合后又从工作面中部至上隅角漏回工作面，最终经回风巷流出。“U”形通风采煤工作面采空区风流场和瓦斯浓度分布如图 4-13 和图 4-14 所示。

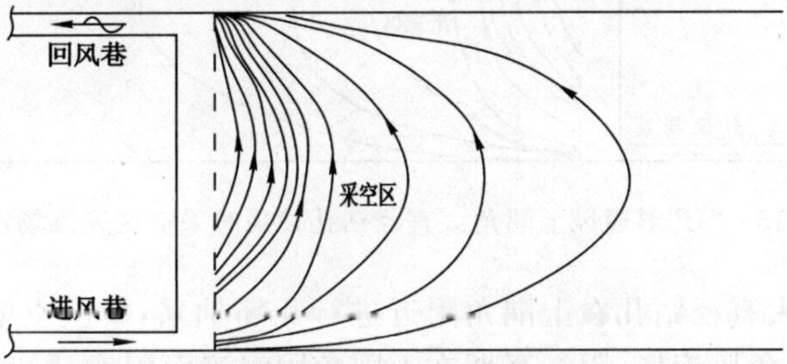

图 4-13　“U”形通风采煤工作面采空区风流场示意图

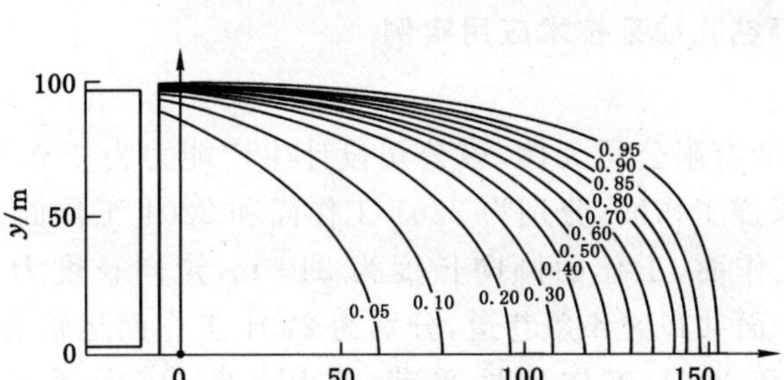

图 4-14　“U”形通风采煤工作面采空区瓦斯浓度(%)分布示意图

从图 4-14 可见,"U"形通风方式下,从采空区方向看,越远离工作面,瓦斯浓度越高;从工作面方向看,进风巷侧瓦斯浓度低,回风巷侧即上隅角处瓦斯浓度高。这是因为在"U"形通风所形成的风流场下,靠近工作面处的瓦斯被从工作面漏入采空区的风流携带到上隅角。同时,上隅角由于综采支架的存在,漏风流流经综采支架的后上方,形成不良通风空间。工作面上隅角靠近煤壁和采空区侧风流速度很低,局部处于涡流状态。这种涡流使采空区涌出的瓦斯难以进入主风流中,从而使高浓度瓦斯在上隅角附近循环运动而聚集在涡流区,形成上隅角的瓦斯超限。

总的来说就是:一方面,上隅角所处的位置决定其风流处于微风紊流状态,不利于瓦斯的正常排出;另一方面,上隅角有着充足的瓦斯来源补充。两个方面因素同时存在就大大提高了上隅角瓦斯积聚和超限的概率。

想要降低上隅角瓦斯浓度,就需要在上隅角附近引入某种机制改变其流场,让漏入采空区后富含瓦斯的风流进入一个新的流场,而不汇入上隅角处,从而减少上隅角瓦斯来源。另外,由于上隅角流场发生改变,风流就不会聚集在上隅角处于涡流状态而不断集聚瓦斯,这从原理上杜绝了上隅角瓦斯超限。

布置大直径钻孔在上隅角进行瓦斯抽采,就是利用抽采负压改变上隅角附近风流场(见图 4-15),在采煤工作面上隅角处形成一个负压区,从而使采煤工作面上隅角处瓦斯向抽采管流动,这样瓦斯流在上隅角后方就被吸入抽采系统,即可避免产生上隅角瓦斯超限的问题。

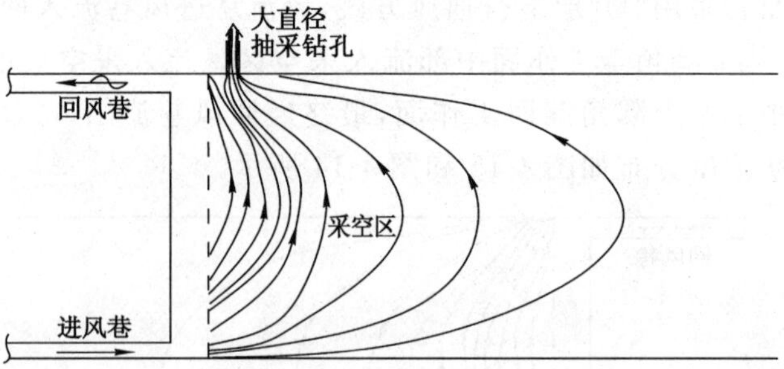

图 4-15 "U"形通风上隅角大直径钻孔抽采时采空区风流场示意图

总的来说,利用大直径钻孔在上隅角附近进行瓦斯抽采,解决上隅角瓦斯超限问题,本质上主要是改变上隅角风流场,限制瓦斯在上隅角因涡流而积聚,同时截断随漏风流涌向上隅角的瓦斯来源。

4.3.2 采空区大直径钻孔抽采技术应用实例

(1) 矿井概况

以山西小回沟煤业有限公司为例,该公司设计生产能力为 3.0 Mt/a,目前主采一水平二采区,共布置 2 个采煤工作面,分别为 2301 工作面和 2201 工作面。其中,2201 采煤工作面为 2 号煤层首采工作面,工作面倾向长度为 240 m,走向长度为 1 200 m,煤炭储量为 84.81万 t。2201 工作面共布置 4 条巷道,分别为 2201 工作面运输巷、2201 工作面辅运巷、2201 工作面回风巷和 2201 工作面抽采巷,采用"双 U"形通风方式,工作面配风量为2 363 m^3/min。

(2) 采空区大直径钻孔抽采技术应用方案

随着采掘工作的不断深入，山西小回沟煤业有限公司采用了“U”形通风方式，采空区瓦斯主要来源于邻近层，采煤工作面在回采过程中仍受瓦斯灾害困扰，上隅角瓦斯治理难度特别大。高位钻孔、埋管抽采等方法均没有真正意义上实现采空区大流量、低负压瓦斯抽采的理念，尤其是在邻近工作面回采巷道施工联络巷进行埋管抽采。埋管抽采方法在联络巷贯通时需要反复调风，不易于安全管理，同时，联络巷处于应力集中区，维护困难。因此，设计采用大直径钻孔抽采采空区瓦斯。

采用煤科集团沈阳研究院有限公司生产的 ZDJ10000L 型超大直径钻机，配套钻杆选用 ϕ550 mm 螺旋钻杆，每节长度 1.6 m，钻头选用 ϕ580 mm 螺旋钻头。在 2201 工作面抽采巷施工 12 个大直径钻孔，大直径钻孔直径为 580 mm，钻孔工程量共计 180 m。大直径钻孔垂直于煤柱施工，开孔高度为 1.2～1.8 m。对不同钻孔间距的大直径钻孔抽采效果进行考察，以确定合理的钻孔间距。现场具体钻孔施工位置如图 4-16 所示，具体钻孔参数见表 4-5 和表 4-6，钻孔施工示意图如图 4-17 和图 4-18 所示。

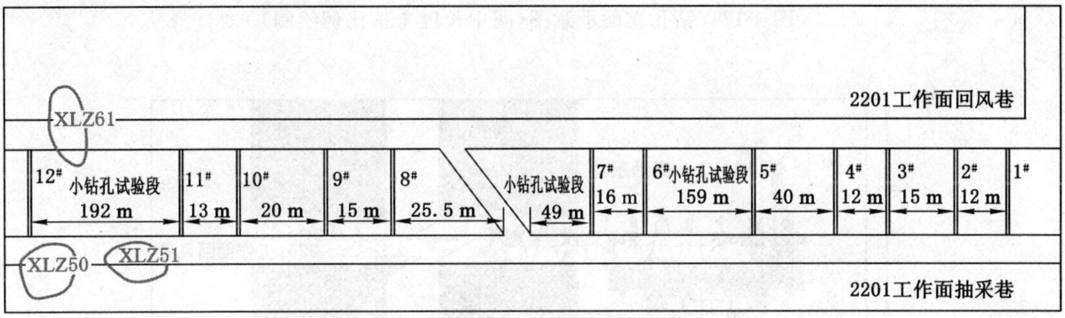

图 4-16　大直径钻孔布置平面示意图

表 4-5　大直径钻孔参数表

钻孔直径/mm	开孔高度/m	设计倾角/(°)	与巷道夹角/(°)	护孔管径/mm	钻孔长度/m	钻孔间距/m
580	1.2～1.8	−1～8	90	426	16	12～40

表 4-6　大直径钻孔施工参数表

孔号	钻孔直径/mm	设计开孔高度/m	设计倾角/(°)	设计方位角/(°)	护孔管径/mm	设计钻孔长度/m
1#	580	1.2～1.8	1	270	426	16
2#	580	1.2～1.8	5	270	426	16
3#	580	1.2～1.8	7	270	426	16
4#	580	1.2～1.8	8	270	426	16
5#	580	1.2～1.8	7	270	426	16
6#	580	1.2～1.8	5	270	426	16
7#	580	1.2～1.8	7	270	426	16
8#	580	1.2～1.8	4	270	426	16
9#	580	1.2～1.8	6	270	426	16

表 4-6(续)

孔号	钻孔直径/mm	设计开孔高度/m	设计倾角/(°)	设计方位角/(°)	护孔管径/mm	设计钻孔长度/m
10#	580	1.2～1.8	3	270	426	16
11#	580	1.2～1.8	1	270	426	16
12#	580	1.2～1.8	−1	270	426	16

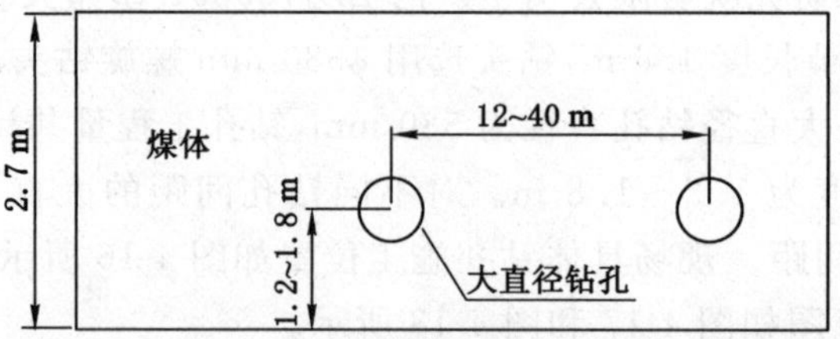

图 4-17　钻孔立面示意图(图中长度未按比例绘制)

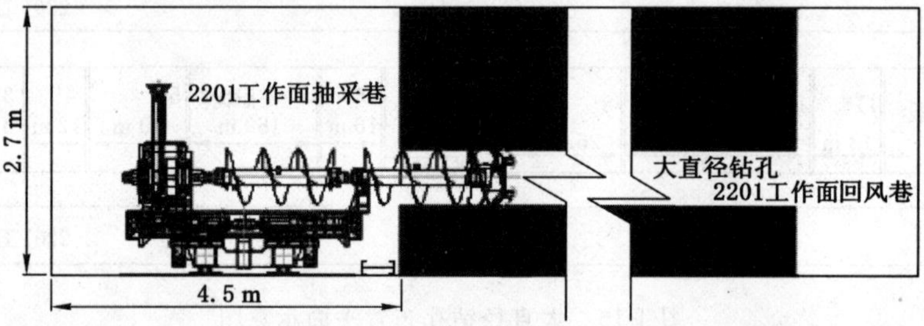

图 4-18　钻孔剖面图

由于钻孔孔径较大,为保证一次性成孔,进行钻孔护管参数及施工方法研究。护管参数见表 4-7,具体如图 4-19 至图 4-23 所示。

表 4-7　护管参数表

管径/mm	单管长度/m	壁厚/mm	连接方式
426	0.8	3	内插式连接

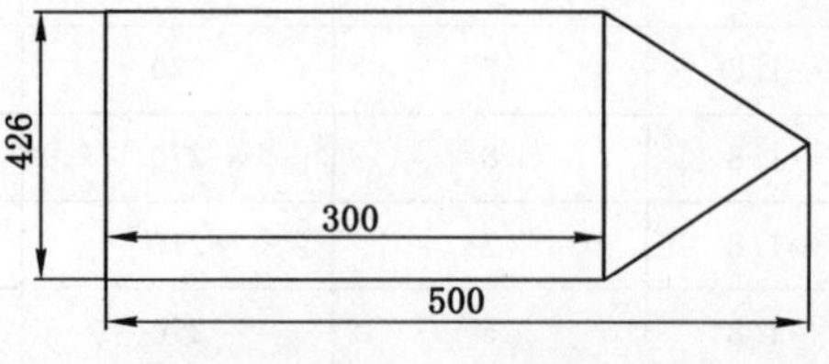

图 4-19　导向头

大直径钻孔采用直径 426 mm 的护管内插连接,护管之间有缝隙,不适合采用水泥砂浆封孔;另外,大直径钻孔为低负压抽采,抽采负压小,并且 2201 工作面回风巷和抽采巷的保

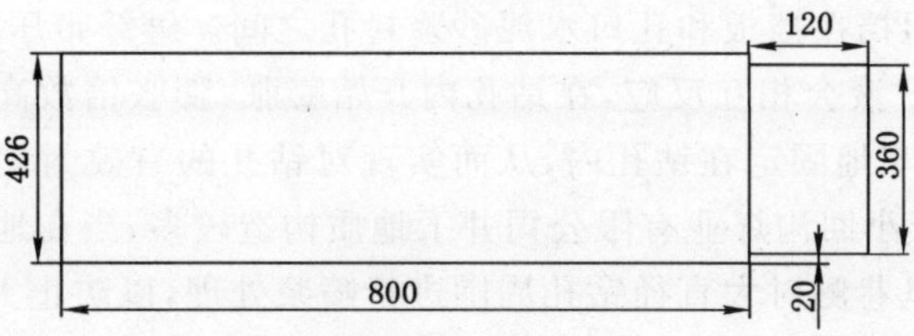

图 4-20　中间节护管

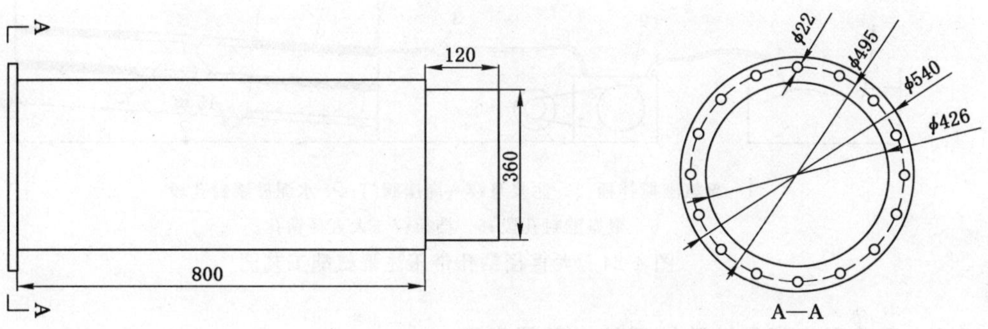

图 4-21　法兰护管

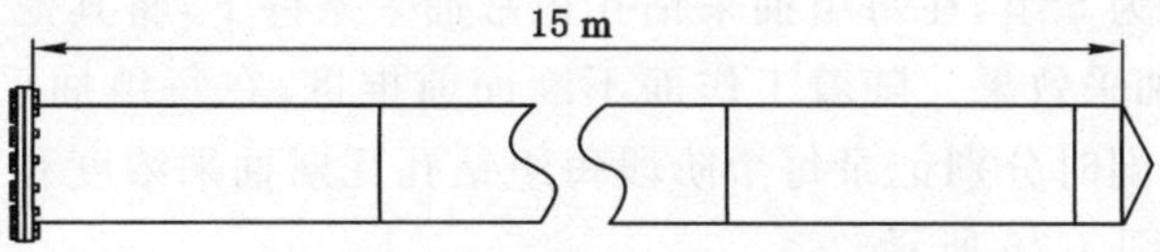

图 4-22　护管总装配示意图

图 4-23　钻孔成孔实物图

护煤柱宽度仅为 15 m，由于保护煤柱宽度太小，对钻孔进行不同深度的封孔试验意义不大。综合对比，大直径钻孔孔口用水泥砂浆封孔，里段用带压聚氨酯封孔，封孔总长度 6 m，两段各封 3 m。具体工艺如下：

在大直径钻孔中放置好护管后，用水泥砂浆将钻孔孔口封堵 0.5 m，待水泥砂浆凝固后，将聚氨酯注浆管插到钻孔孔内，把聚氨酯 A、B 液倒入搅拌桶内，启动聚氨酯注浆泵，将混合好的 A、B 液通过注浆管注入钻孔与护管之间的缝隙内。随着浆液的不断注入，当浆液到达挡板处时，会被阻挡在挡板和孔口水泥砂浆封孔之间。继续带压注入聚氨酯，注浆压力1.0 MPa，聚氨酯A、B液会相互反应，在钻孔内开始膨胀，膨胀倍数高达50倍以上，可在很短的时间内将护管牢牢地固定在钻孔内，从而实现对钻孔的有效封堵。带压注聚氨酯工艺如图4-24所示。由于小回沟煤业有限公司井下地质构造较多，当在地质构造带内施工大直径钻孔时，需要在回风巷侧对大直径钻孔周围进行喷浆处理，以防止大直径钻孔因地质构造的影响而漏气。

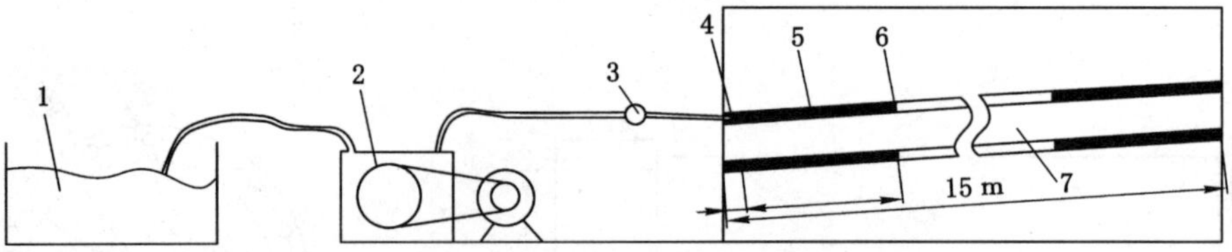

1—聚氨酯搅拌桶；2—注浆泵；3—高压阀门；4—水泥砂浆封孔段；
5—聚氨酯封孔段；6—挡板；7—大直径钻孔。

图4-24 大直径钻孔带压注聚氨酯工艺图

4.3.3 采空区大直径钻孔抽采技术效果考察

根据小回沟煤业有限公司瓦斯抽采的实际情况以及现有的设备条件，结合井下管路情况，将大直径钻孔分为5组，在每组抽采钻孔正常抽采条件下，将其他4组全部关闭，分别考察每组钻孔的瓦斯抽采效果。随着工作面不断向前推进，在每组抽采钻孔进入采空区5 m后，进行瓦斯抽采。同时分别记录每个阶段每组钻孔瓦斯抽采浓度和瓦斯抽采纯流量，并绘制曲线如图4-25和图4-26所示。

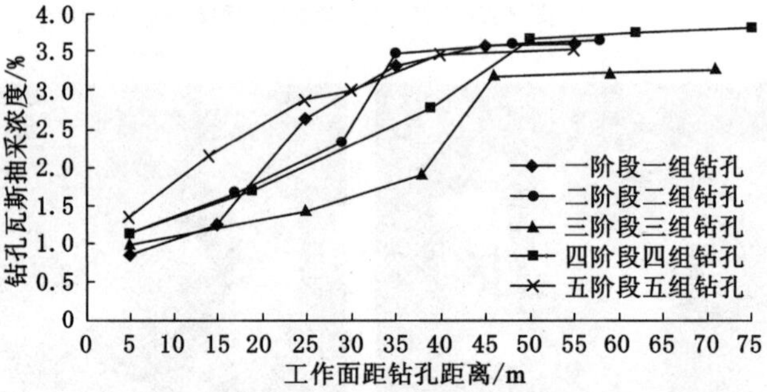

图4-25 钻孔瓦斯抽采浓度与工作面距钻孔距离关系曲线

由图4-25和图4-26可知，在工作面推进过程中，随着工作面距钻孔距离增加，钻孔瓦斯抽采浓度、纯流量呈逐渐增高的趋势，但增高趋势会随着工作面距钻孔距离的增大出现转折点。一阶段一组钻孔距离工作面大于35 m时，钻孔瓦斯抽采浓度、纯流量出现转折点，呈现变缓趋势；二阶段二组钻孔距离工作面大于35 m时，钻孔瓦斯抽采浓度、纯流量出现转折点，呈现变缓趋势；三阶段三组钻孔距离工作面大于46 m时，钻孔瓦斯抽采浓度、纯流量出现转折点，呈现变缓趋势；四阶段四组钻孔距离工作面大于50 m时，钻孔瓦斯抽采浓度、纯流量出现转折点，呈现变缓趋势；五阶段五组钻孔距离工作面大于30 m时，钻孔瓦斯抽采浓度、纯流量出现转折点，呈现变缓趋势。

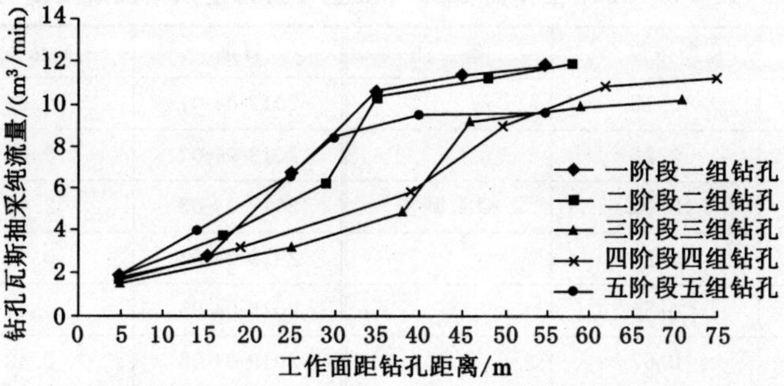

图 4-26　钻孔瓦斯抽采纯流量与工作面距钻孔距离关系曲线

由上述分析可知，当大直径钻孔距离工作面 30～50 m 时瓦斯抽采浓度、纯流量呈现逐渐增大趋势，当大于 50 m 时，瓦斯抽采浓度、纯流量增加趋势逐渐变缓，大直径钻孔对工作面风流场及上隅角瓦斯浓度控制能力减弱。因此可以看出，大直径钻孔抽采影响范围在 30～50 m。

为了考察不同数量大直径钻孔联合抽采效果，统计分析了工作面上隅角最大瓦斯浓度、工作面最高日产量与联合抽采大直径钻孔数量之间的关系，具体如图 4-27 所示。

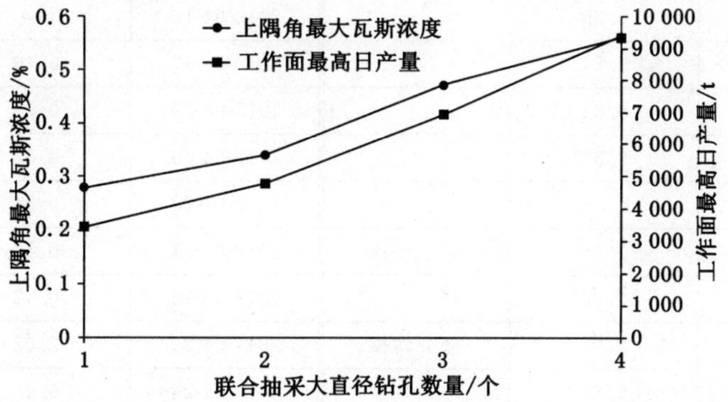

图 4-27　联合抽采大直径钻孔数量与上隅角最大瓦斯浓度、工作面最高日产量关系曲线

由图 4-27 可知，在 1 个大直径钻孔抽采时，上隅角最大瓦斯浓度为 0.28%，最高日产量为 3 468 t；在 2 个大直径钻孔抽采时，上隅角最大瓦斯浓度为 0.34%，最高日产量为 4 786 t；在 3 个大直径钻孔抽采时，上隅角最大瓦斯浓度为 0.47%，最高日产量为 6 927 t；在 4 个大直径钻孔抽采时，上隅角最大瓦斯浓度为 0.56%，最高日产量为 9 370 t。

由上述分析可知，随着联合抽采大直径钻孔数量的增加，工作面最高日产量逐渐增大，最高可达 9 370 t；随着工作面日产量逐渐增大，上隅角最大瓦斯浓度也逐渐增大，但在大直径钻孔联合抽采的作用下，实现了对工作面上隅角瓦斯浓度的有效管控，保证了工作面上隅角瓦斯浓度不超限。

统计分析了 2201 工作面 2019 年 3 至 4 月份上隅角瓦斯浓度，如表 4-8 所示。

表 4-8　2201 工作面 2019 年 3 至 4 月份上隅角瓦斯浓度

日期	瓦斯浓度/%	备　注	日期	瓦斯浓度/%	备　注
2019-03-01	0.18		2019-04-01	0.92	煤壁片帮
2019-03-02	0.28		2019-04-02	0.66	
2019-03-03	2.01	探头调校	2019-04-03	2.01	探头调校
2019-03-04	0.65		2019-04-04	0.47	
2019-03-05	0.55		2019-04-05	0.49	
2019-03-06	0.67		2019-04-06	0.42	
2019-03-07	0.57		2019-04-07	0.42	
2019-03-08	0.40		2019-04-08	0.50	
2019-03-09	0.42		2019-04-09	0.42	
2019-03-10	0.62		2019-04-10	0.48	
2019-03-11	0.50		2019-04-11	0.46	
2019-03-12	0.49		2019-04-12	0.46	
2019-03-13	2.07	探头调校	2019-04-13	2.02	探头调校
2019-03-14	0.35		2019-04-14	0.56	
2019-03-15	0.26		2019-04-15	0.53	
2019-03-16	0.39		2019-04-16	0.5	
2019-03-17	0.24		2019-04-17	0.49	
2019-03-18	0.34		2019-04-18	0.58	
2019-03-19	0.38		2019-04-19	0.52	
2019-03-20	0.36		2019-04-20	0.54	
2019-03-21	0.26		2019-04-21	0.40	
2019-03-22	0.26		2019-04-22	0.42	
2019-03-23	2.01	探头调校	2019-04-23	2.02	探头调校
2019-03-24	0.66		2019-04-24	0.48	
2019-03-25	0.46		2019-04-25	0.46	
2019-03-26	0.56		2019-04-26	0.49	
2019-03-27	0.55		2019-04-27	0.51	
2019-03-28	0.47		2019-04-28	0.48	
2019-03-29	0.44		2019-04-29	0.52	
2019-03-30	0.43		2019-04-30	0.46	
2019-03-31	0.56				

由表 4-8 可知，在 2019 年 3 至 4 月份大直径钻孔联合抽采作用下，除煤壁片帮和探头调校等异常情况外，工作面上隅角瓦斯浓度最大为 0.67%，最小为 0.18%。通过分析 3 至 4 月份工作面上隅角瓦斯浓度可知，大直径钻孔联合抽采可有效控制工作面上隅角瓦斯浓度，从而保证工作面安全生产。从 2019 年 1 月 15 日至 2019 年 5 月 23 日，大直径钻孔累计

抽采瓦斯纯量 701 120.67 m^3，抽采浓度平均值为 2.24%，混合流量为 166.3 m^3/min，2201 工作面回风巷平均瓦斯浓度为 0.32%，上隅角平均瓦斯浓度为 0.40%，上隅角最大瓦斯浓度为 0.67%。

由此可以看出，采用大直径钻孔进行采空区瓦斯抽采，能够有效管控工作面上隅角瓦斯，从而保证工作面的安全生产。尤其是在工作面初次来压阶段，工作面顶板未垮落，顶板裂隙未形成，高位钻孔未能发挥相应的作用，在此阶段大直径钻孔瓦斯抽采浓度最大为 12.40%，最小为 1.95%，并且上隅角未发生瓦斯超限。

4.4　采空区埋管抽采技术

4.4.1　采空区埋管抽采技术原理

采空区瓦斯抽采的主要原理是在工作面上隅角形成一个负压区，从而使该区域内瓦斯由抽采管路抽走，这可以避免工作面上隅角处局部位置因风流不畅（或微风）引起的瓦斯超限，还可解决因漏风使采空区向上隅角涌出瓦斯而造成的瓦斯超限。

现采采空区是指采煤工作面后方的、工作面回采过程中始终存在的并且随着工作面的推进范围逐渐增加的采空区。由于这种采空区是和工作面通风网络相连通的，在通风压差的作用下来源于各方面的瓦斯涌入采空区后又流进工作面并经由回风流排出。当采空区积存和涌出瓦斯较多时有可能使工作面上隅角或回风流中瓦斯处于超限状态，特别是当顶板垮落时引起采空区瓦斯突然大量涌出会对生产构成很大的威胁。

目前对半封闭采空区瓦斯抽采，国内外所采用的主要方式有：插（埋）管抽采、向冒落拱上方打钻孔抽采、在基本顶岩层中打水平钻孔抽采、直接向采空区打钻孔抽采、顶板尾巷抽采、工作面尾巷抽采和地面钻孔抽采等。

4.4.2　采空区埋管抽采技术应用实例

（1）矿井概况

马堡煤业有限公司为高瓦斯矿井，目前开采 8 号和 15 号煤层。15203 工作面隶属 152 采区，工作面长 220 m，走向长 1 113 m，采用综合机械化采煤法，全部垮落法管理顶板。直接顶为泥岩，平均厚 6.8 m；基本顶为细粒砂岩，平均厚 8.2 m；直接底为铝质泥岩，平均厚 1.3 m；老底为砂质泥岩，平均厚 5.6 m。现场实测 15203 工作面原煤瓦斯含量为 6.44 m^3/t，工作面采用“U”形通风方式，配风量为 1 458 m^3/t。结合该矿生产实践，15 号煤层工作面开采后，采场瓦斯涌出量在 22 m^3/min 左右，其中邻近层瓦斯涌出量占全部瓦斯涌出量 28%左右，加上采空区底部遗煤涌出的瓦斯，构成采空区主要的瓦斯来源，易造成工作面上隅角和回风巷瓦斯超限。

（2）采空区埋管抽采技术应用方案

采空区埋管抽采是针对采煤工作面上隅角特定范围采取的一种局部辅助抽采措施，核心内容是消除上隅角局部可能积聚的高浓度瓦斯。由于采空区埋管抽采位置处于上隅角及超前支护段，巷道变形严重，巷帮不平整，管路不易管理。因此，对采空区埋管方法进行简化处理，具体埋管方法如下：

① 在采空区内敷设 ϕ273 mm 钢管，在钢管端头焊接 T 形竖管，T 形竖管与敷设管路同

直径，高度根据上隅角高度确定，然后通过 ϕ273 mm 骨架胶管与巷道内低负压抽采支管连接。在 T 形竖管末端加设铜丝网，防止煤渣进入瓦斯抽采管路。

② 在 T 形竖管处加设木垛对其加以保护。木垛整体尺寸：长 2.0 m×宽 0.5 m×高 1.8 m。其中，横向木板使用长 2.0 m×宽 0.2 m×高 0.2 m 的方木搭接而成，纵向木板使用长 0.5 m×宽 0.2 m×高 0.2 m 的方木搭接而成。

③ T 形竖管和埋管管路顶部均采用旧胶带包裹，以防止采空区掉渣直接砸在钢管上产生火花。

④ 在采空区内敷设的钢管采用支架架设，离底板高度不小于 0.3 m。

⑤ 在采空区内敷设的钢管长度超过 30 m 时重新加工 T 形竖管段钢管，在上隅角处将该段管路重新敷设，原埋入采空区钢管停止使用。

具体施工方式如图 4-28 所示。

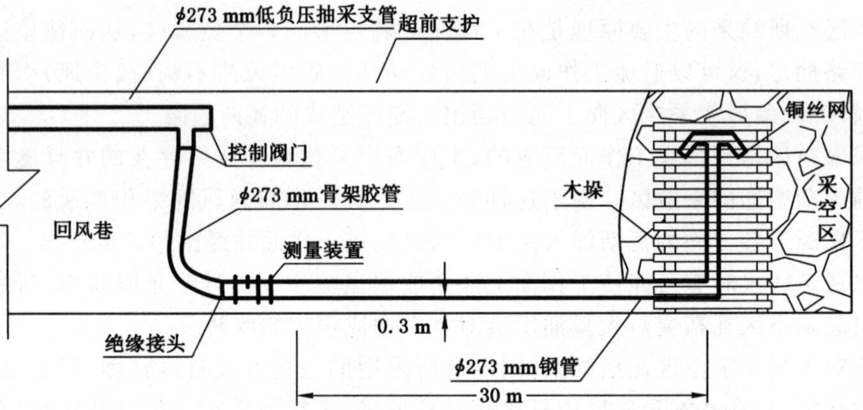

图 4-28　15203 工作面上隅角插管抽采瓦斯布置示意图

4.4.3　采空区埋管抽采技术效果考察

15203 工作面采空区埋管抽采效果具体体现在：

① 当上隅角骨架胶管抽采关闭时，采空区埋管抽采瓦斯浓度达到 5%。

② 当采空区埋管抽采关闭时，上隅角骨架胶管抽采瓦斯浓度达到 0.8%。

③ 当两者同时抽采时，采空区埋管抽采瓦斯浓度 3%，上隅角骨架胶管抽采瓦斯浓度 0.4%。

通过分析工作面正常生产过程中的上隅角和回风流瓦斯浓度变化情况可得，回风流最大瓦斯浓度不超过 0.6%，上隅角瓦斯浓度在 0.7～0.9%之间变化，该措施能够确保瓦斯因素不影响工作面的生产。

第 5 章　高瓦斯煤层大采高开采瓦斯监测与检测技术

5.1　示踪气体监测与检测技术

5.1.1　示踪气体监测与检测技术原理

示踪气体技术源于 19 世纪，早期的示踪气体技术主要应用于建筑领域的通风测量。常用的示踪气体有 CO_2、H_2 和 SF_6 等。1972 年，国际标准化组织正式将示踪法认定为一种标准的流量测量方法。随着示踪法的不断应用，这种技术也在不断完善。实验人员先后发明了示踪剂恒量释放法、瞬时释放法，用以不同目的的测量研究；根据浓度衰减法研究特定空间的渗透特性，同时也研发了各种设备和分析技术以提高示踪法的准确性。目前，示踪法不仅应用在建筑通风领域，在水污染防治、土壤中的重金属扩散和矿井通风中也得到了广泛的应用。

示踪技术应用示踪剂来研究气体（或液体）流动的踪迹和规律，特别是对人员不易到达地点的气体（或液体）的流动研究具有独特的优越性。将该气体注入煤层中，然后着重监测附近一定范围内气体的运移规律，最终可以了解该煤层内瓦斯的运移规律。SF_6 是一种惰性气体，它无毒、不可燃，不存在于煤矿的自然环境中，在 500～600 ℃的高温条件下也不分解，与酸、碱、盐、氨、水等均不发生反应，检测灵敏度高。基于以上特性，SF_6 能够用于煤矿井下作为示踪气体。

5.1.2　示踪气体监测与检测技术装备

5.1.2.1　*腔增强吸收红外光谱技术检测原理*

红外光谱是一种分子光谱，它基于物质分子结构单一的特性，通过检测试样的光谱参数，从而判定试样物质的分子结构特征。红外光谱检测技术通过测定物质的光谱吸收峰区域、吸光度和形状的方法实现高精度定量判别。目前，红外光谱检测技术已经广泛应用在气态、液态及固态多种复合状态的物质组分检测分析领域。红外光谱法是研究组成物质的分子间特定的转动光谱和原子间特定的振动光谱的，转动光谱的波数范围一般为 1～400 cm^{-1}，振动光谱的波数范围一般为 100～10 000 cm^{-1}，根据区间值划分三段光谱范围，远红外区范围 10～400 cm^{-1}，中红外区范围 400～4 000 cm^{-1}，近红外区 4 000～11 000 cm^{-1}。腔增强吸收红外光谱技术的理论基础是比尔-朗伯（Beer-Lambert）定律、腔增强吸收光谱（CEAS）理论、Korteweg-de Vries理论。

(1) Beer-Lambert 定律

Beer-Lambert 定律由比尔（Beer）定律和朗伯（Lambert）定律组成。Beer 定律认为光波吸收的数量与吸收光的发光强度成正比，可以用下式表示：

$$\ln\left(\frac{I_0}{I}\right)=\alpha_1 c_q \tag{5-1}$$

式中　I_0——入射光的发光强度，cd；

I——出射光的发光强度，cd；

α_1——目标气体介质的吸收系数；

c_q——目标气体介质的浓度，μg/mL。

Lambert 定律认为光波射入一种透明介质环境时，透明介质吸收光波的比例与入射光的发光强度没有直接关联，只与目标气体介质的吸收系数和厚度有关联，可用下式表示：

$$\ln\left(\frac{I_0}{I}\right)=\alpha_2 L_j \tag{5-2}$$

式中　α_2——目标气体介质的吸收系数；

L_j——目标气体介质的厚度，mm。

结合式(5-1)和式(5-2)可得到式(5-3)，即 Beer-Lambert 定律：

$$I=I_0\,\mathrm{e}^{-\alpha(\upsilon)L_j c_q} \tag{5-3}$$

式中　$\alpha(\upsilon)$——吸收系数。

(2) CEAS 理论

CEAS 理论是 R. Engeln 等人在 1998 年提出的，该理论提出将两片大曲率半径且镀有极强反射性膜的平凹透镜组成吸收池，这组吸收池可视为一组长距离的 Fabry-Perot 腔，腔体内表示介质吸收系数的参数为 $\alpha(\upsilon)$，腔体的长度为 L，腔体内的平凹透镜在平衡状态下的反射率 R 和透射率 T 的关系满足 $R+T=1$。当光波在腔体内往返一次时，介质吸收光波的关系为 $\exp(\alpha L)$，则反射光的发光强度 I_r 和透射光的发光强度 I_t 可以表示为：

$$I_r=\frac{R(1+\mathrm{e}^{-\alpha L}-2\mathrm{e}^{\frac{\alpha L}{2}})\cos\varphi}{1+\mathrm{e}^{-2\alpha L}R^2-2\mathrm{e}^{-\alpha L}R\cos\varphi}I_0 \tag{5-4}$$

$$I_t=\frac{\mathrm{e}^{-\alpha L}T^2}{1+\mathrm{e}^{-2\alpha L}R^2-2\mathrm{e}^{-\alpha L}R\cos\varphi}I_0 \tag{5-5}$$

式中　φ——光波在腔体内一次往返后的相位移，有如下关系式：

$$\varphi=\frac{2\pi(2nL)}{\lambda} \tag{5-6}$$

当 $\varphi=0$ 时，透射光在透射峰值位置时的透射系数有如下关系式：

$$T(\alpha)=\frac{I_{\varphi=0}}{I_i}=\frac{T^2\exp(\alpha L)}{[1-R\exp(\alpha L)]^2} \tag{5-7}$$

腔体空腔时的透射系数 $T(\alpha)$ 和腔体有吸收介质时的透射系数 $T(0)$ 的比值 T_n，有如下关系式：

$$T_n=\frac{T(\alpha)}{T(0)}=\frac{(1-R)^2\exp(\alpha L)}{[1-R\exp(\alpha L)]^2} \tag{5-8}$$

由式(5-8)可以看出，由测试腔体空腔时的透射系数与腔体有吸收介质时的透射系数的比值可以得出吸收系数 $\alpha(\upsilon)$，关系式可表示为：

$$\alpha(\upsilon)=\frac{1}{L}\left\{1-\left[\frac{-(1-R)+\sqrt{(1-R)^2+4RT_n}}{\sqrt{4R^2T_n}}\right]^2\right\} \tag{5-9}$$

CEAS 理论认为腔体内的平凹透镜的反射率 R 趋近 1，在腔体内介质的单程空腔损耗远大于吸收损耗，即 $1-R \gg \alpha(\upsilon)$，由式(5-8)的右端进行泰勒级数展开可以得出：

$$T_n \approx 1-\frac{(1+R)\alpha L}{1-R} \approx 1-\frac{2\alpha L}{1-R} \approx 1-\frac{2F\alpha L}{\pi} \tag{5-10}$$

式中，F 为 Fabry-Perot 腔体的精细度，常数。

通过比较单程吸收光谱时的 CEAS 理论与 Beer-Lambert 定律，可以看出腔增强吸收红外光谱技术将有效吸收的路径提高了 $2F/\pi$ 倍，通常情况下 F 为一个非常大的数值，因而腔增强吸收红外光谱技术能够实现超高精度检测复杂环境下的示踪气体。

(3) Korteweg-de Vries 理论

红外吸收光谱是物质分子持续做转动和振动运动产生的，物质分子振动是分子中原子在各自平衡位置相对运动形成的，不同种类原子形成不同的振动图形。由于红外射线光量子的能量和物质分子振动的能量相对应，当物质分子振动的状态发生变化时，会引起物质发射出红外光谱；同时，红外光辐射会引起物质分子振动，引起红外吸收光谱。根据量子力学理论，分子转动和振动的能量形式具非连续性，而是量子化的，限定在一些特定和分立的能级或能量状态上。Korteweg-de Vries 理论已广泛应用于非线性光学和量子力学等诸多领域的孤立子光波的传输。根据前人运用 Korteweg-de Vries 理论提出孤立子光波传输局部线性区间分级展开求解的观点，其中，η 和 τ 为分开独立变量的函数，k 和 β 为数量级参数，$\Phi_k(\tau)$ 和 $\Theta_k(\eta)$ 为两个不可微函数，则光波的函数 $\Pi(\eta,\tau)$ 有如下关系式：

$$\Pi(\eta,t) = \sum_{k=0}^{\infty} \Phi_k(\tau)\Theta_k(\eta) \tag{5-11}$$

$$\Pi(\eta,t) = \sum_{k=0}^{\infty} \frac{\tau^{k\beta}}{\Gamma(1+k\beta)}\Theta_k(\eta) \tag{5-12}$$

$$\frac{\partial^\beta \Pi(\eta,\tau)}{\partial \tau^\beta} = \sum_{k=0}^{\infty} \frac{\tau^{k\beta}}{\Gamma(1+k\beta)}\Theta_{k+1}(\eta) \tag{5-13}$$

$$\frac{\partial^\beta \Pi(\eta,\tau)}{\partial \eta^\beta} = \sum_{k=0}^{\infty} \frac{\tau^{k\beta}}{\Gamma(1+k\beta)}\frac{\partial^\beta \Theta_k(\eta)}{\partial \eta^\beta} \tag{5-14}$$

$$\frac{\partial^{3\beta} \Pi(\eta,\tau)}{\partial \eta^{3\beta}} = \sum_{k=0}^{\infty} \frac{\tau^{k\beta}}{\Gamma(1+k\beta)}\frac{\partial^{3\beta} \Theta_k(\eta)}{\partial \eta^{3\beta}} \tag{5-15}$$

由式(5-11)至式(5-15)可得出式(5-16)：

$$\sum_{k=0}^{\infty} \frac{\tau^{k\beta}}{\Gamma(1+k\beta)}\Theta_{k+1}(\eta) + \sum_{k=0}^{\infty} \frac{\tau^{k\beta}}{\Gamma(1+k\beta)}\frac{\partial^\beta \Theta_k(\eta)}{\partial \eta^\beta} + \sum_{k=0}^{\infty} \frac{\tau^{k\beta}}{\Gamma(1+k\beta)}\frac{\partial^{3\beta} \Theta_k(\eta)}{\partial \eta^{3\beta}} = 0 \tag{5-16}$$

有以下迭代关系：

$$\Theta_{k+1}(\eta) + \frac{\partial^\beta \Theta_k(\eta)}{\partial \eta^\beta} + \frac{\partial^{3\beta} \Theta_k(\eta)}{\partial \eta^{3\beta}} = 0 \tag{5-17}$$

初始条件为：

$$\Theta_0(\eta) = \mathrm{E}_\beta(\eta^\beta) \tag{5-18}$$

通过对腔体内孤立子光波传输的不同级数求解，可以得出腔体内孤立子光波传输局部线性区间的表达式为：

$$\Pi(\eta,\tau) = \mathrm{E}_\beta(-2\tau^\beta)\mathrm{E}_\beta(\eta^\beta) \tag{5-19}$$

5.1.2.2 腔增强红外光谱定量分析仪研制

(1) 总体技术方案

煤矿井下煤岩体及采掘空间内混合气体组分极为复杂，除数量众多的气体以外，还有粉尘、水气和烟气颗粒物等物质，从而导致干扰检测示踪气体准确性的因素较多。腔增强红外光谱定量分析仪主要由气样拾取器、红外光源、光增强腔体、真空泵、检测器、中央处理器和反馈环节等部件组成，总体技术方案如图 5-1 所示。

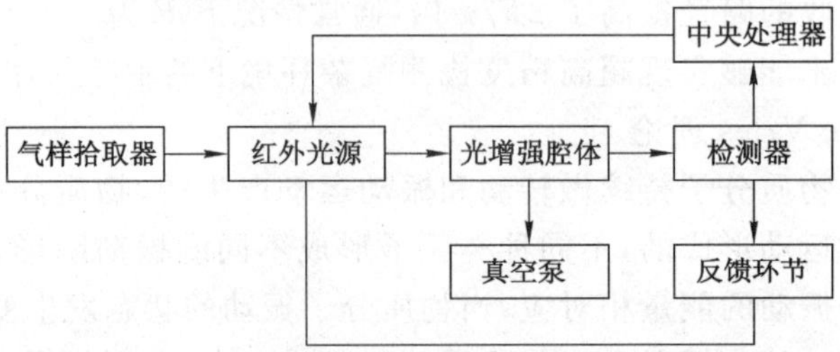

图 5-1 总体技术方案

(2) 整机实现工艺

① 气样拾取器。气样拾取器是整机的最前端，通过它将煤层或岩层钻孔内的混合气体抽取送至检测主体机内。气体拾取器主要组成部分为采集器、除尘除湿器和稳流器。采集器设置在最前端，采用胶管与瓦斯抽采管观测孔连接抽取气样。除尘除湿器用于去除钻孔及瓦斯抽采管路内的煤尘和岩尘固体颗粒物以及水蒸气等干扰物质。稳流器用于提高待测气体通过气样拾取器后的稳定性。

② 红外光源。本次试验研究中使用的示踪气体为 SF_6，它因良好的示踪特性已被广泛应用在诸多领域。已有研究表明，SF_6 在波数 500～1 600 cm^{-1} 范围均具有吸收红外谱线图。综合考虑发光效果、设备成本和煤矿井下气体组分等因素，整机选用碳化硅黑体作为红外光源，其中心波的波数为 1 000 cm^{-1}。红外光源的入射光发光强度大于 0，使得光的发光强度可以在高低值之间变换，并通过反馈环节及时反馈信息。

③ 光增强腔体。光增强腔体是两片大曲率半径且镀有极强反射性膜的平凹透镜组成的吸收池，这组吸收池成为一组长距离的 Fabry-Perot 腔。光增强腔体内有效吸收的路径提高了 $2F/\pi$ 倍，从而将在极复杂环境下检测示踪气体 SF_6 的精度提高至 10^{-9} mm，使得示踪气体 SF_6 测试技术能够运用于煤层和岩层损伤破坏现场测试研究。

④ 真空泵。真空泵主要用于抽取和排出待测气样。由于煤矿井下采用负压抽采煤层及岩层钻孔内的瓦斯，常压下无法提取钻孔内的待测气样，采用真空泵能够解决气样采集的问题。

⑤ 反馈环节。反馈环节用于测试输出光的发光强度，通过修正光的频率使得光增强腔体内的谐振频率与光的波长相耦合。反馈环节主要组成部分为反馈回路、偏振检测装置和分光装置。反馈环节是整机研制的技术难点，微信号的处理技术是提高检测精度的突破口。

⑥ 中央处理器。中央处理器是整机的控制中心，它连接控制红外光源、电源转换模块、有线传输模块、无线传输模块、真空泵、检测器、触控显示器和声光报警器等组件。

整机实现的结构示意图如图 5-2 所示。

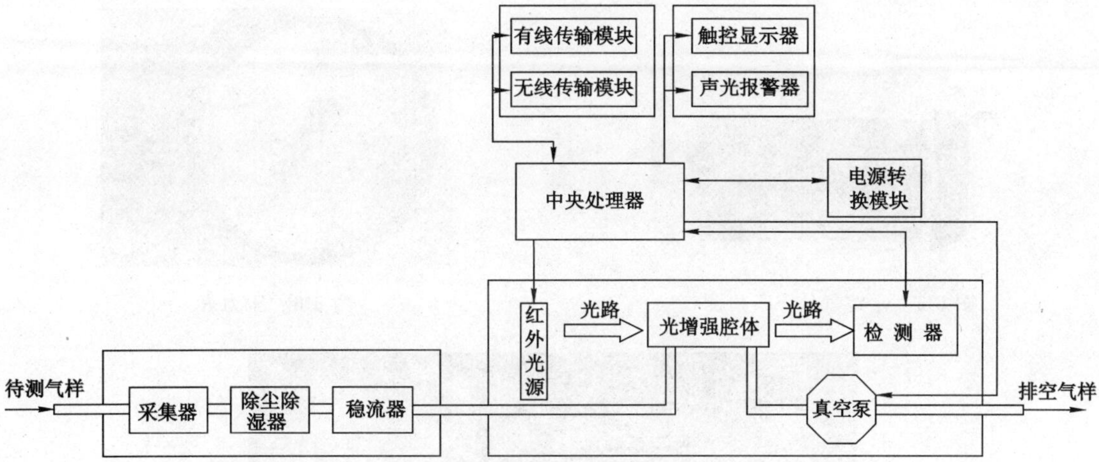

图 5-2　整机实现的结构示意图

5.1.2.3　示踪气体监测与检测技术装备

煤矿井下示踪气体监测与检测技术使用的设备主要由示踪气体 SF_6 储集钢瓶、示踪气体 SF_6 注气装置、示踪气体 SF_6 检测仪、压力表、封孔材料、分段注水流量计等组成，如图 5-3 至图 5-7 所示。

图 5-3　示踪气体 SF_6 储集钢瓶

图 5-4　示踪气体 SF_6 注气装置

5.1.3　煤层开采示踪气体监测与检测技术的应用

示踪气体法监测与检测技术具有简便易行、测试结果较为简单的特点。目前已有多个科研机构和学者对此进行研究，并在煤矿现场成功应用。如中国矿业大学的陈开岩等研究了示踪气体测风方法有关理论问题；安徽理工大学的李广培等借助脉冲释放示踪气体扩散

图 5-5　示踪气体 SF_6 检测仪

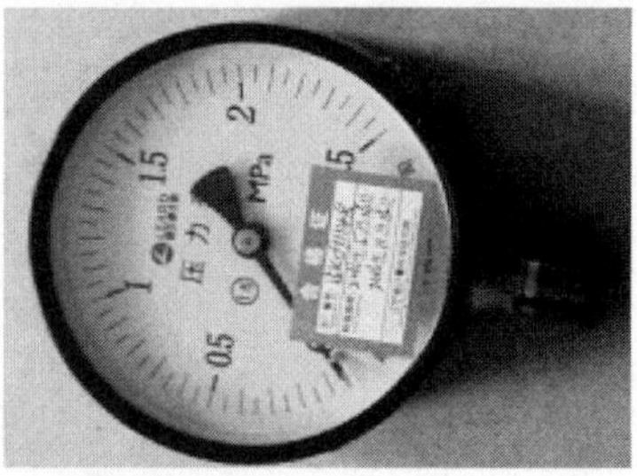

图 5-6　压力表

图 5-7　封孔材料

的原理，分析了煤岩裂隙中脉冲释放示踪气体运移规律；中国矿业大学的李迎春等根据示踪气体连续释放原理，通过确定最短采样距离、采样时间及释放量等漏风测定参数，得出了工作面漏入采空区又流出的风量及高抽巷的漏风量，为矿井火灾防治提供了依据；煤炭科学研究总院的陈金玉等采用 SF_6 气体示踪法测定了钻孔瓦斯抽采有效半径等。

虽然有相关机构和学者对示踪气体监测与检测技术进行了研究，但目前的技术依然存在工程量大、工艺复杂烦琐、测试成功率低且准确率低的弊端。目前，示踪气体监测与检测技术正朝着集约化、智能化、成套化方向发展。如在测试理论上，需要完善示踪气体技术在现场工程应用的理论分析，针对不同的测定内容，制定出合理可行的测定方案和工艺；在产品开发上，需要研究集诸多功能于一体的成套技术装备，以满足煤矿现场不同需求；在检测仪器上，需要研制便携、快速的检测设备；在检测数据分析上，需要采取先进的处理设备、科学合理的分析方法，以提高检测数据的准确性。

5.2　高瓦斯煤层大采高开采示踪气体监测与检测技术方案

5.2.1　示踪气体测定煤层钻孔瓦斯抽采半径技术方案

(1) 钻孔瓦斯抽采半径的研究

在考察研究本煤层钻孔瓦斯抽采半径时，通过在煤层施工示踪气体释放钻孔（注气孔）和抽采孔（检验孔），在示踪气体释放钻孔内注入示踪气体，在各抽采孔测定示踪气体运移情况，建立瓦斯抽采半径计算模型，得出钻孔瓦斯抽采半径。

(2) 示踪气体测定煤层钻孔瓦斯抽采半径实施方案

测定地点选在新鲜暴露巷道中。施工煤层平行钻孔，钻孔开孔高度 1.5 m，孔径 94 mm，孔深 50 m，抽采孔封孔深度大于 8 m，注气孔采用镀锌钢管及水泥封孔，封孔深度 15 m。每个煤层测试单元分为 2 组，测试单元钻孔分布如图 5-8 所示。

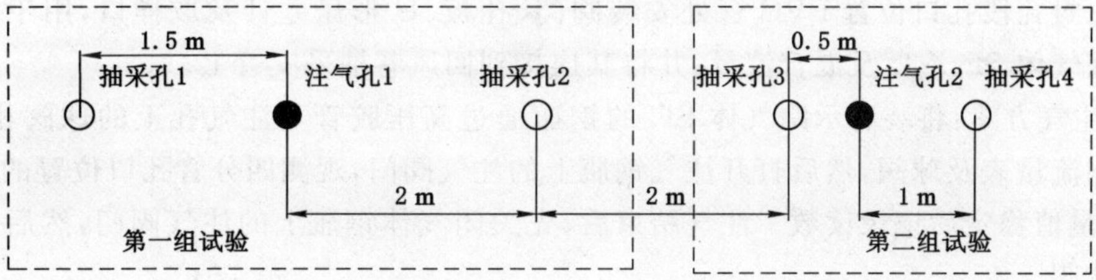

图 5-8　煤层瓦斯抽采半径考察测试钻孔分布图

5.2.2　示踪气体测定采空区漏风实施方案

(1) 采空区漏风分布特征的研究

采空区漏风分布特征测定是在测试巷道进风风流中定点连续释放示踪气体，分别在所测巷道的下风流方向设置的采样点收集气体。通过分析得出沿途漏风量，从而找出漏风规律，实现预防采空区自燃。

(2) 示踪气体测定采空区漏风实施方案

选取试验矿井工作面作为研究对象，SF_6 连续恒量释放系统由示踪气体及钢瓶、减压器、稳压器、稳流器及流量计等组成。释放系统经过二级稳压和一级稳流，以保证释放流量稳定及连续可调。流量范围可控制在 20～200 mL/min。连续恒量释放法即在需要考察的井巷进风风流中连续恒量释放示踪气体，然后分别在顺风流方向设定的采样点采集气样分析。如果沿途不漏风或者向外漏风，则沿途各点风流中的示踪气体浓度保持不变；如果沿风流方向有漏风涌入时，井巷中示踪气体浓度会发生变化呈下降趋势。通过对采样点示踪气体浓度变化的分析，即可求得漏风量，从而找出漏风规律。

5.2.3　示踪气体测定覆岩“竖三带”技术方案

(1) 示踪气体测定覆岩“竖三带”机理分析

在煤矿采煤工作面回风巷一侧施工测试钻场，在钻场内向采煤工作面采空区方向实体煤岩内施工两个倾角及终孔高度相同的倾斜高位钻孔，其中一个钻孔作为注入示踪气体 SF_6 的注气孔，另一个钻孔作为连接到抽采主管路上的抽采孔。随着采煤工作面的不断推进，采场上覆岩层将不断垮落、产生裂隙，此时向注气孔内注入示踪气体 SF_6，SF_6 将通过钻孔逐渐进入采场后方上覆岩层裂隙中。因此，可通过观测抽采孔内的示踪气体 SF_6 浓度变化规律来判定采场上覆岩层垮落带及裂缝带高度。

(2) 示踪气体测定覆岩“竖三带”实施方案

① 施工测试钻场：在煤矿采煤工作面回风巷一侧距离工作面约 100 m 施工一个测试钻场，钻场规格为：长 3.5 m×宽(深)3 m×高 3 m。

② 施工测试钻孔：在测试钻场内向采煤工作面采空区实体煤岩内施工两个测试钻孔，一个作为注气孔，一个作为抽采孔，钻孔终孔高度为 8～10 倍采高，终孔位置距回风巷水平距离至少 40 m，两个钻孔终孔间距水平距离约为 10 m。

③ 测试钻孔封孔：注气孔采用四分钢管，A、B 料加膨胀水泥封孔；抽采孔采用 PVC 管材，A、B 料加膨胀水泥封孔。两个钻孔封孔长度至少 20 m。

④ 管路安装及连接：在注气孔封孔段孔口位置四分管上安装球阀及流量表和卸压阀。

在抽采孔封孔段孔口位置PVC管处安装阀门、孔板、U形压差计及取样口,用于检测钻孔内的示踪气体SF_6浓度及混合流量,并将其连接到回风巷抽采支管上。

⑤ 注气方案:将装有示踪气体SF_6的钢瓶通过高压胶管与注气孔上的球阀相连接,先打开监测流量表及球阀,然后打开注气钢瓶上的注气阀门,观测四分管孔口位置的流量表数据,待流量值稳定后记录读数。注气结束后,先关闭气体钢瓶上的注气阀门,然后关闭注气孔上的球阀。

⑥ 数据观测:随着采煤工作面的不断推进,通过取样器在取样口中抽取抽采孔中的气样并使用示踪气体测定仪测出SF_6浓度,通过孔板上的U形压差计测得抽采孔中的混合流量。SF_6浓度乘以混合流量即SF_6的纯流量。

5.2.4 示踪气体测定煤层渗透性技术方案

采动裂隙场是在煤层受采动应力作用后,在煤层原始裂隙基础上扩展产生的,裂隙的发育程度往往会是原始裂隙的几倍甚至十几倍,从而导致煤体的渗透性发生很大的变化。煤体渗透率是评价煤体渗透性的主要参数,它能够直观地反映出气体在煤体内的渗透性能。多年来,在煤体渗透研究领域专家们尝试了多种研究方法,目前应用比较普遍的是实验室内的渗流实验方法,但该方法由于受到煤体裂隙自身客观条件的限制,很难进行直观、准确的测定,只能局限于测试某一位置或某几个点的煤体渗透率,不能扩展到更大的空间范围,同时对客观因素的影响考虑得非常少。

由前述分析可知,示踪气体法对于煤层透气性的测定有很大的帮助。通过将示踪气体SF_6注入煤层中,然后着重监测附近一定范围内SF_6的运移规律,可以了解该煤层内瓦斯的运移规律;另外,可通过监测煤体内示踪气体从无到有、从少到多的变化过程来研究采动过程中煤体渗透率的变化过程。

5.3 高瓦斯煤层大采高开采示踪气体监测与检测工业性试验

5.3.1 示踪气体测定煤层钻孔瓦斯抽采半径试验

在阳泉煤业(集团)有限责任公司五矿进行了高瓦斯煤层大采高开采示踪气体测定煤层钻孔瓦斯抽采半径试验。将8406工作面进风巷距巷口700 m处与8136工作面进风巷距巷口450 m处作为测定钻孔瓦斯抽采半径的实施地点。钻孔施工参数如表5-1所示。

表5-1 钻孔施工参数表

钻孔名称	开孔高度/m	孔径/mm	钻孔深度/m	封孔深度/m	倾角/(°)	与巷道中心线夹角/(°)
注气孔1	1.5	94	50	15	0	90
注气孔2	1.5	94	50	15	0	90
抽采孔1	1.5	94	50	10	0	90
抽采孔2	1.5	94	50	10	0	90
抽采孔3	1.5	94	50	10	0	90
抽采孔4	1.5	94	50	10	0	90

在钻孔施工完毕后采用“两堵一注”的方法对注气孔进行封孔。在前期准备工作结束后，每天在固定时间采用注气装置对 2 个注气孔注气并用气体采样器采集孔内的气体监测 SF_6，如图 5-9 所示。

(a) 2 个注气孔

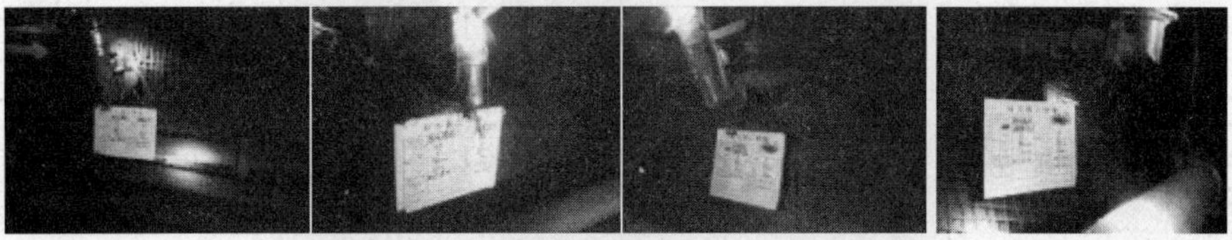

(b) 4 个抽采孔

(c) 对注气孔进行注气

图 5-9　对注气孔进行注气现场图

在注气孔注气结束后关闭注气 4 分钢管接口的阀门，以确保不漏气。然后打开抽采孔 1、抽采孔 2、抽采孔 3、抽采孔 4 的阀门进行瓦斯抽采，并将抽采负压控制在 15 kPa。每天在注气前检测 4 个抽采孔示踪气体 SF_6 浓度，在注气结束后检测 2 个注气孔示踪气体 SF_6 浓度，如图 5-10 所示，观测数据如表 5-2 和表 5-3 所示。

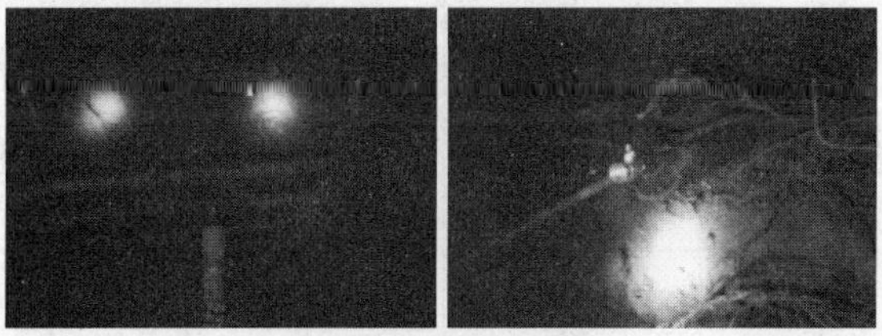

(a) 注气结束后关闭阀门

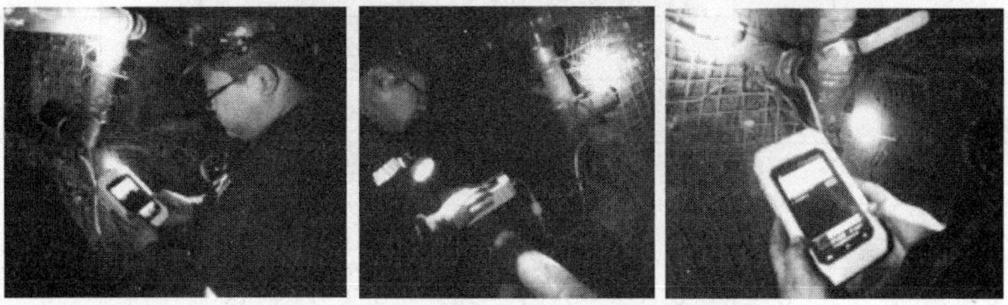

(b) 对 4 个抽采孔中示踪气体 SF_6 进行检测

图 5-10　在抽采孔检测示踪气体现场图

表 5-2 8406 工作面进风巷示踪气体 SF_6 浓度观测数据

观测日期	注气孔 2		抽采孔 3		抽采孔 4		注气孔 1		抽采孔 1		抽采孔 2	
	注气压力/MPa	SF_6浓度/($\times10^{-6}$)	抽采压力/kPa	SF_6浓度/($\times10^{-6}$)	抽采压力/kPa	SF_6浓度/($\times10^{-6}$)	抽采压力/kPa	SF_6浓度/($\times10^{-6}$)	抽采压力/kPa	SF_6浓度/($\times10^{-6}$)	抽采压力/kPa	SF_6浓度/($\times10^{-6}$)
第 1 天	1.1	3 266	−15.0	0	−15.0	0	1.0	3 318	−15.0	0	−15.0	0
第 2 天	1.0	3 189	−15.0	0	−15.0	0	1.0	3 239	−15.0	0	−15.0	0
第 3 天	1.0	3 203	−15.0	0	−15.0	0	1.3	3 346	−15.0	0	−15.0	0
第 4 天	1.2	3 288	−15.0	109	−15.0	0	1.1	3 243	−15.0	0	−15.0	0
第 5 天	1.2	3 264	−15.0	247	−15.0	0	1.3	3 313	−15.0	0	−15.0	0
第 6 天	1.0	3 204	−15.0	333	−15.0	0	1.2	3 144	−15.0	0	−15.0	0
第 7 天	1.1	3 259	−15.0	355	−15.0	0	1.1	3 227	−15.0	0	−15.0	0
第 8 天	0.9	3 043	−15.0	368	−15.0	0	1.0	3 405	−15.0	0	−15.0	0
第 9 天	1.0	3 176	−15.0	366	−15.0	0	1.0	3 217	−15.0	0	−15.0	0
第 10 天	1.0	3 129	−15.0	360	−15.0	0	1.3	3 312	−15.0	0	−15.0	0
第 11 天	1.2	3 288	0	253	−15.0	93	1.2	3 241	−15.0	0	−15.0	0
第 12 天	1.0	3 147	0	156	−15.0	177	0.9	3 135	−15.0	0	−15.0	0
第 13 天	1.0	3 126	0	82	−15.0	221	1.1	3 249	−15.0	0	−15.0	0
第 14 天	1.0	3 133	0	0	−15.0	239	1.0	3 188	−15.0	0	−15.0	0
第 15 天	1.2	3 295	0	0	−15.0	249	1.0	3 250	−15.0	0	−15.0	0
第 16 天	1.1	3 221	0	0	−15.0	250	1.3	3 256	−15.0	0	−15.0	0
第 17 天	1.1	3 202	0	0	−15.0	245	1.3	3 303	−15.0	0	−15.0	0
第 18 天	1.0	3 145	0	0	−15.0	242	1.3	3 261	−15.0	102	−15.0	0
第 19 天	1.0	3 104	0	0	−15.0	201	1.2	3 182	−15.0	143	−15.0	0
第 20 天	1.0	3 177	0	0	−15.0	133	1.0	3 123	−15.0	156	−15.0	0
第 21 天	0.9	3 029	0	0	−15.0	89	1.0	3 127	−15.0	163	−15.0	0
第 22 天	0	—	0	0	0	62	1.0	3 201	−15.0	161	−15.0	0
第 23 天	0	—	0	0	0	0	1.2	3 324	−15.0	158	−15.0	0
第 24 天	0	—	0	0	0	0	1.2	3 280	−15.0	121	−15.0	0
第 25 天	0	—	0	0	0	0	1.2	3 255	0	85	−15.0	0
第 26 天	0	—	0	0	0	0	1.0	3 156	0	0	−15.0	0
第 27 天	0	—	0	0	0	0	1.0	3 203	0	0	−15.0	0
第 28 天	0	—	0	0	0	0	1.1	3 296	0	0	−15.0	0
第 29 天	0	—	0	0	0	0	1.1	3 143	0	0	−15.0	0
第 30 天	0	—	0	0	0	0	1.1	3 213	0	0	−15.0	0

表 5-3 8136 工作面进风巷示踪气体 SF_6 浓度检测数据

观测日期	注气孔 2		抽采孔 3		抽采孔 4		注气孔 1		抽采孔 1		抽采孔 2	
	注气压力/MPa	SF_6浓度/($\times10^{-6}$)	抽采压力/kPa	SF_6浓度/($\times10^{-6}$)	抽采压力/kPa	SF_6浓度/($\times10^{-6}$)	注气压力/MPa	SF_6浓度/($\times10^{-6}$)	抽采压力/kPa	SF_6浓度/($\times10^{-6}$)	抽采压力/kPa	SF_6浓度/($\times10^{-6}$)
第 1 天	1.0	3 177	−15.0	0	−15.0	0	1.3	3 305	−15.0	0	−15.0	0
第 2 天	1.1	3 159	−15.0	0	−15.0	0	1.0	3 183	−15.0	0	−15.0	0
第 3 天	1.0	3 013	−15.0	0	−15.0	0	1.1	3 221	−15.0	0	−15.0	0
第 4 天	1.2	3 280	−15.0	133	−15.0	0	1.1	3 139	−15.0	0	−15.0	0
第 5 天	1.3	3 307	−15.0	221	−15.0	0	1.0	3 164	−15.0	0	−15.0	0
第 6 天	1.1	3 180	−15.0	309	−15.0	0	1.0	3 144	−15.0	0	−15.0	0
第 7 天	1.1	3 126	−15.0	360	−15.0	0	1.1	3 207	−15.0	0	−15.0	0
第 8 天	1.0	3 008	−15.0	389	−15.0	0	1.0	3 209	−15.0	0	−15.0	0
第 9 天	0.9	3 004	−15.0	392	−15.0	0	0.9	3 043	−15.0	0	−15.0	0
第 10 天	1.0	3 121	−15.0	385	−15.0	0	1.1	3 153	−15.0	0	−15.0	0
第 11 天	1.0	3 054	0	386	−15.0	0	1.2	3 200	−15.0	0	−15.0	0
第 12 天	1.0	3 147	0	304	−15.0	0	0.9	3 135	−15.0	0	−15.0	0
第 13 天	1.2	3 183	0	162	−15.0	76	1.1	3 242	−15.0	0	−15.0	0
第 14 天	1.1	3 157	0	83	−15.0	189	1.1	3 188	−15.0	0	−15.0	0
第 15 天	1.2	3 209	0	0	−15.0	240	1.0	3 146	−15.0	0	−15.0	0
第 16 天	1.1	3 180	0	0	−15.0	253	1.3	3 311	−15.0	0	−15.0	0
第 17 天	1.1	3 200	0	0	−15.0	256	1.2	3 300	−15.0	0	−15.0	0
第 18 天	1.0	3 145	0	0	−15.0	255	1.3	3 261	−15.0	0	−15.0	0
第 19 天	1.3	3 239	0	0	−15.0	250	1.0	3 125	−15.0	83	−15.0	0
第 20 天	1.0	3 177	0	0	−15.0	144	1.0	3 123	−15.0	129	−15.0	0
第 21 天	0.9	3 029	0	0	−15.0	103	1.1	3 174	−15.0	150	−15.0	0
第 22 天	1.0	3 143	0	0	−15.0	57	1.0	3 201	−15.0	155	−15.0	0
第 23 天	0	—	0	0	0	0	1.2	3 159	−15.0	160	−15.0	0
第 24 天	0	—	0	0	0	0	1.0	3 226	−15.0	163	−15.0	0
第 25 天	0	—	0	0	0	0	1.2	3 255	−15.0	161	−15.0	0
第 26 天	0	—	0	0	0	0	1.0	3 141	0	59	−15.0	0
第 27 天	0	—	0	0	0	0	0.9	3 221	0	0	−15.0	0
第 28 天	0	—	0	0	0	0	1.1	3 296	0	0	−15.0	0
第 29 天	0	—	0	0	0	0	1.0	3 175	0	0	−15.0	0
第 30 天	0	—	0	0	0	0	1.0	3 158	0	0	−15.0	0

由图 5-11 可知，抽采孔 3 在前 3 天所抽出的气体中没有检测到 SF_6，第 4 天检测到 SF_6 浓度为 1.09×10^{-4}，第 5 天为 2.47×10^{-4}，第 6 天为 3.33×10^{-4}，第 7—10 天分别为 3.55×10^{-4}、3.68×10^{-4}、3.66×10^{-4}、3.60×10^{-4}，在 3.50×10^{-4}～3.70×10^{-4} 之间波动，这说明抽采孔 3 中 SF_6 浓度已经趋于稳定。在抽采孔 3 中 SF_6 浓度稳定后，关闭阀门。抽采孔 4 在前 10 天所抽出的气体中没有检测到 SF_6，从第 11 天开始检测到 SF_6，第 15—18 天 SF_6 浓度分别为 2.49×10^{-4}、2.50×10^{-4}、2.45×10^{-4}、2.42×10^{-4}，在 2.40×10^{-4}～2.50×10^{-4} 之间波动，这说明抽采孔 4 中 SF_6 浓度已经趋于稳定。在抽采孔 4 中 SF_6 浓度稳定后，关闭阀门，停止对注气孔 2 注气。抽采孔 1 在前 17 天所抽出的气体中没有检测到 SF_6，从第 18 天开始检测到 SF_6，第 20—23 天 SF_6 浓度分别为 1.56×10^{-4}、1.63×10^{-4}、1.61×10^{-4}、1.58×10^{-4}，在 1.50×10^{-4}～1.65×10^{-4} 之间波动，这说明抽采孔 1 中 SF_6 浓度已经趋于稳定。在抽采孔 1 中 SF_6 浓度稳定后，关闭阀门。经过 30 天的连续抽采与检测，抽采孔 2 在抽采过程中始终未能检测到 SF_6，这说明抽采孔 2 抽采不到注气孔 1 中 SF_6。因此，瓦斯抽采半径可确定为抽采孔 1 到注气孔 1 之间的距离，即瓦斯抽采半径为 1.5 m。所以利用 SF_6 气体示踪法测定的 8406 工作面的瓦斯抽采半径为 1.5 m，钻孔间距为 3 m。

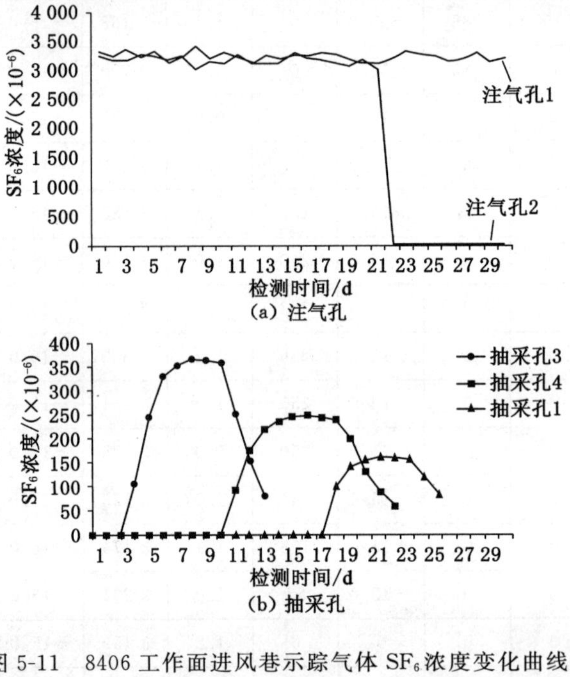

图 5-11　8406 工作面进风巷示踪气体 SF_6 浓度变化曲线图

由图 5-12 可知，抽采孔 3 在前 3 天所抽出的气体中没有检测到 SF_6，第 4 天检测到 SF_6 浓度为 1.33×10^{-4}，第 5 天为 2.21×10^{-4}，第 6 天为 3.09×10^{-4}，第 7 天为 3.60×10^{-4}，第 8—11 天分别为 3.89×10^{-4}、3.92×10^{-4}、3.85×10^{-4}、3.86×10^{-4}，在 3.80×10^{-4}～3.90×10^{-4} 之间波动，这说明抽采孔 3 中 SF_6 浓度已经趋于稳定。在抽采孔 3 中 SF_6 浓度稳定后，关闭阀门。抽采孔 4 在前 12 天所抽出的气体中没有检测到 SF_6，从第 13 天开始检测到 SF_6，第 16—19 天 SF_6 浓度分别为 2.53×10^{-4}、2.56×10^{-4}、2.55×10^{-4}、2.50×10^{-4}，在 2.50×10^{-4}～2.60×10^{-4} 之间波动，这说明抽采孔 4 中 SF_6 浓度已经趋于稳定。在抽采孔 4

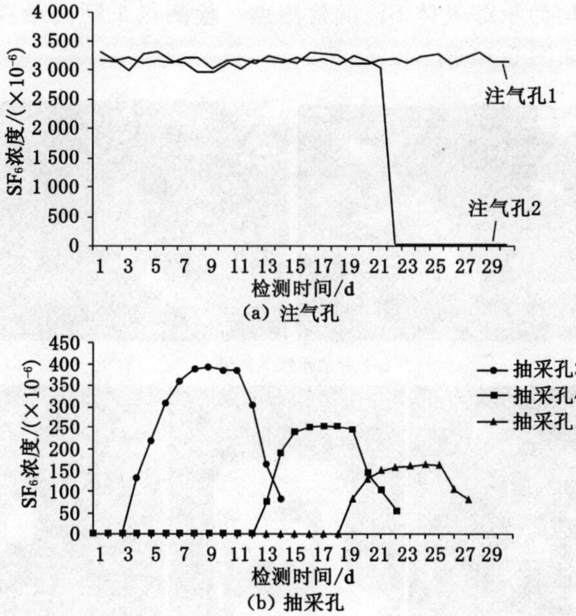

图 5-12　8136 工作面进风巷示踪气体 SF_6浓度变化曲线图

中 SF_6浓度稳定后，关闭阀门，停止对注气孔 2 注气。抽采孔 1 在前 18 天所抽出的气体中没有检测到 SF_6，从第 19 天开始检测到 SF_6，第 22—25 天 SF_6 浓度分别为 1.55×10^{-4}、1.60×10^{-4}、1.63×10^{-4}，1.61×10^{-4}，在 $1.50\times10^{-4}\sim1.65\times10^{-4}$之间波动，这说明抽采孔 1 中 SF_6浓度已经趋于稳定。在抽采孔 1 中 SF_6浓度稳定后，关闭阀门。经过 30 天的连续抽采与检测，抽采孔 2 在抽采过程中始终未能检测到 SF_6，这说明抽采孔 2 抽采不到注气孔 1 中 SF_6。因此，瓦斯抽采半径可确定为抽采孔 1 到注气孔 1 之间的距离，即瓦斯抽采半径为 1.5 m。所以利用 SF_6气体示踪法测定的 8136 工作面的瓦斯抽采半径为1.5 m，钻孔间距为 3 m。

8406 工作面与 8136 工作面为 15 号煤层不同采区的工作面，因此 15 号煤层的瓦斯抽采半径为 1.5 m，钻孔间距为 3 m。

5.3.2　示踪气体测定采空区漏风试验

① 将阳泉煤业(集团)有限责任公司五矿 8304 工作面作为测定采空区漏风试验的实施地点。2017 年 3 月上旬在 8304 工作面进风巷定量释放示踪气体 SF_6，在工作面开切眼及回风巷检测，以定性分析采空区及高抽巷的漏风情况。具体施工情况如图 5-13 所示。

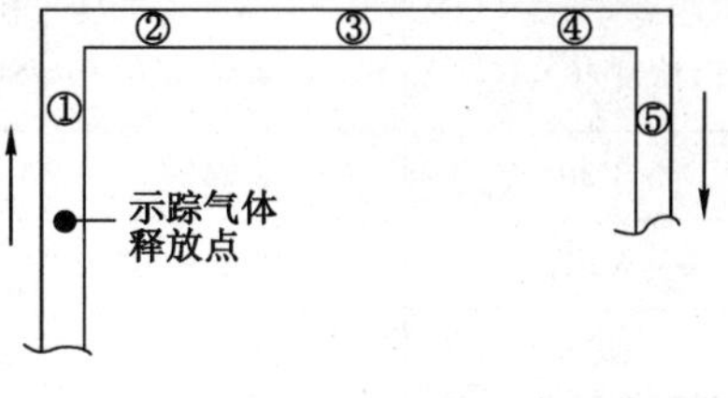

图 5-13　采空区漏风检测施工图

图 5-13 中，1—5 均为示踪气体 SF_6 的检测点。检测点 1 距离示踪气体释放点约 20 m。井下施工与检测工作如图 5-14 所示。

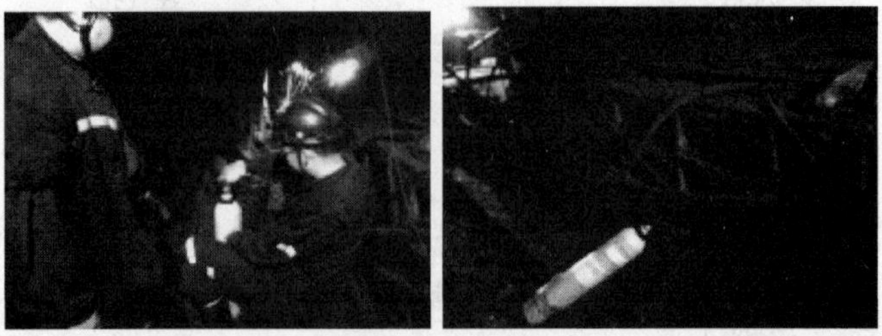

(a) 释放示踪气体SF_6

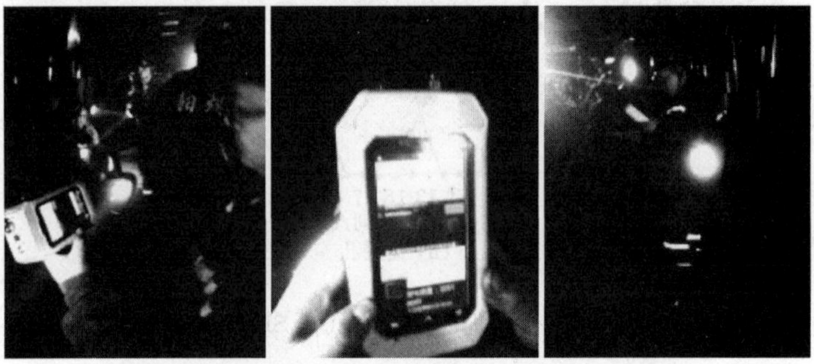

(b) 检测示踪气体SF_6

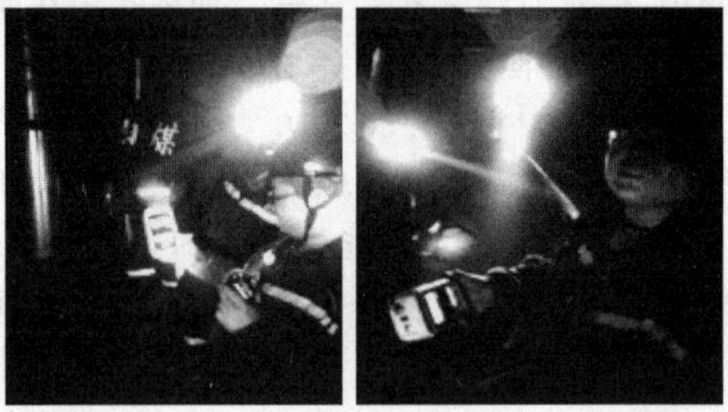

(c) 检测过程

图 5-14　采空区漏风检测现场图

在释放点稳定地释放示踪气体 SF_6，利用检测设备在检测点检测 SF_6 浓度，每天进行 1 次，持续 10 d。结果如表 5-4 和图 5-15 所示。

表 5-4　检测点 SF_6 浓度记录表

编号	检测点 1 示踪气体 SF_6 浓度/($\times10^{-6}$)	检测点 2 示踪气体 SF_6 浓度/($\times10^{-6}$)	检测点 3 示踪气体 SF_6 浓度/($\times10^{-6}$)	检测点 4 示踪气体 SF_6 浓度/($\times10^{-6}$)	检测点 5 示踪气体 SF_6 浓度/($\times10^{-6}$)
1	3 364	3 304	3 242	3 132	2 922
2	3 218	3 200	3 156	3 048	2 706
3	3 320	3 182	3 154	3 101	2 841

表 5-4(续)

编号	检测点 1 示踪气体 SF_6 浓度/($\times10^{-6}$)	检测点 2 示踪气体 SF_6 浓度/($\times10^{-6}$)	检测点 3 示踪气体 SF_6 浓度/($\times10^{-6}$)	检测点 4 示踪气体 SF_6 浓度/($\times10^{-6}$)	检测点 5 示踪气体 SF_6 浓度/($\times10^{-6}$)
4	3 425	3 363	3 206	3 119	2 703
5	3 329	3 240	3 204	3 152	2 832
6	3 679	3 546	3 509	3 461	3 106
7	3 402	3 356	3 280	3 246	3 002
8	3 551	3 420	3 346	3 303	3 057
9	3 649	3 562	3 504	3 403	3 121
10	3 210	3 100	3 037	2 846	2 703
平均值	3 414	3 327	3 264	3 181	2 899

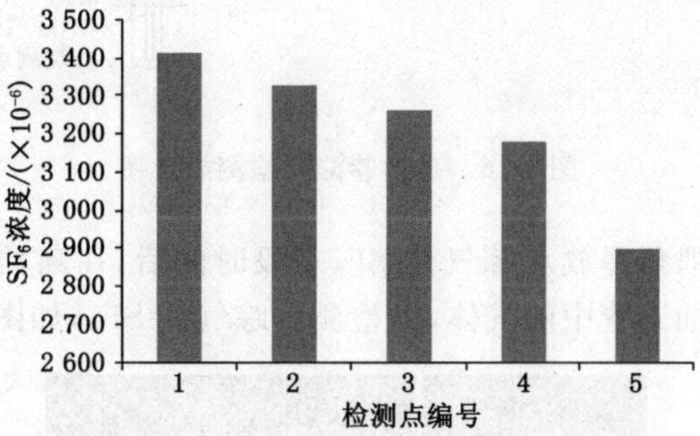

图 5-15　检测点示踪气体 SF_6 浓度变化图

根据质量守恒定律，若在某一巷道上风流释放一定质量的示踪气体，则在下风流检测点能检测到等质量气体。假定漏风速度恒定，示踪气体 SF_6 密度 ρ 为常量，SF_6 质量计算公式为：

$$M = \int \rho Q c(t) \mathrm{d}t \tag{5-20}$$

式中　M——SF_6 释放总量，mg；

Q——检测点处风量，m^3/min；

ρ——SF_6 密度，mg/m^3；

$c(t)$——检测点 SF_6 浓度。

采用 10 天试验的平均值来测定 8304 工作面的漏风情况，计算出不同位置的风量如表 5-5 所示。

表 5-5　检测点风量计算结果

检测点	1	2	3	4	5
风量/(m^3/min)	856	850	843	830	792

由表 5-5 可以看出，采空区沿开切眼方向前 4 个检测点横向漏风不存在或者轻微漏风，

在第 5 个检测点风量发生了较大的变化，即回风上隅角处存在较大的漏风。

② 2017 年 2 月下旬通过现场考察将 8304 工作面高抽巷作为测定高抽巷漏风试验的实施地点。2017 年 3 月上旬在 8304 工作面进风巷上隅角处向采空区注入示踪气体 SF_6，如图 5-16 所示。

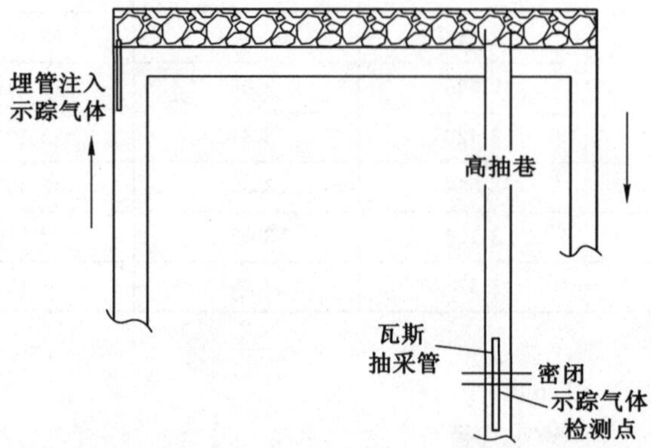

图 5-16　高抽巷漏风检测施工图

在工作面进风巷上隅角释放示踪气体 SF_6 一段时间后，在高抽巷密闭处进行检测。使用气体采样器采集瓦斯抽采管中的气体，以检测示踪气体 SF_6，如图 5-17 所示。

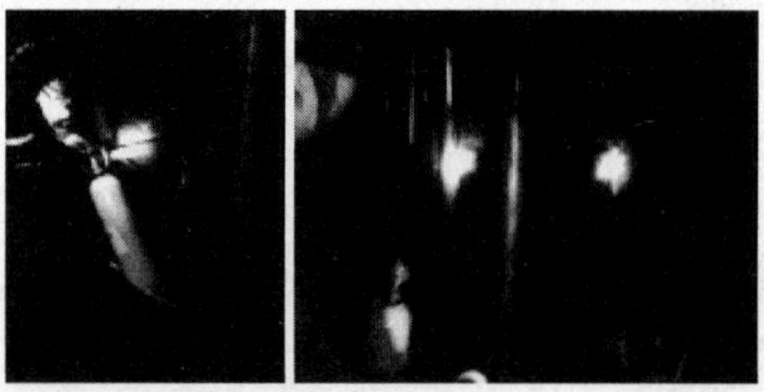

(a) 通过注气管路向采空区注入示踪气体

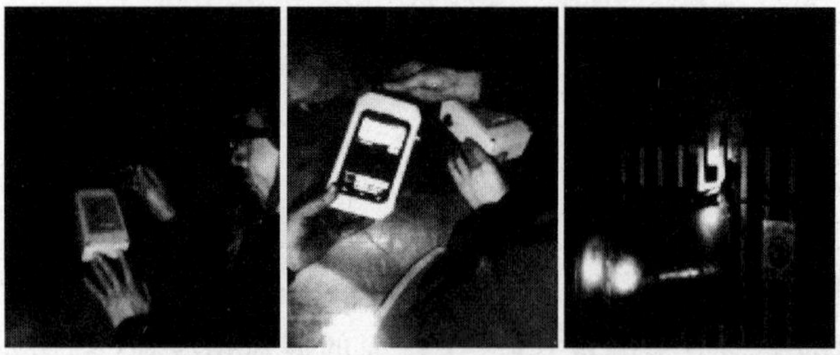

(b) 气体采样与检测

图 5-17　高抽巷漏风检测现场图

在对 8304 工作面高抽巷的检测中，在释放示踪气体后，每个班检测 3 次，共检测 3 个班，同时对回风巷上隅角处风流进行检测。结果如表 5-6 所示。

表 5-6　检测点示踪气体 SF_6 浓度记录表

编号	1	2	3	4	5	6	7	8	9
高抽巷示踪气体 SF_6 浓度/($\times10^{-6}$)	—	—	—	113	86	20	—	—	—
回风巷上隅角示踪气体 SF_6 浓度/($\times10^{-6}$)	—	—	—	65	89	94	63	—	—

在对高抽巷进行的 9 次检测中有 3 次检测到示踪气体 SF_6，在回风巷上隅角处同时检测到示踪气体 SF_6，说明采空区的气体流入了工作面，高抽巷存在漏风问题。

③ 2017 年 3 月上旬通过现场考察将 8304 工作面作为测定风门漏风试验的实施地点。测点布置如图 5-18 所示。

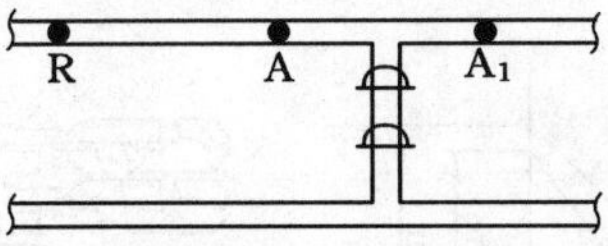

图 5-18　风门漏风检测测点布置图

采用连续恒量释放 SF_6 的方法测定风门漏风，测定时在回风巷设置一个 R 点连续恒量释放 SF_6，释放量为 q(L/min)，在下风侧依次布置检测点，利用色谱仪分析测定示踪气体 SF_6浓度 c。第一检测点 A 点位于与风门连通的回风巷的上风侧，第二检测点 A_1点位于回风巷风门的下风侧。检测点示踪气体 SF_6浓度测定结果如表 5-7 所示。通过计算可得上(下)风侧风量：

$$Q_A = q/c_A \tag{5-21}$$

可得该风门的漏风量为：

$$Q_l = Q_A - Q_{A_1} \tag{5-22}$$

本次试验共进行 3 次，c_A、c_{A_1} 取 3 次测量平均值，则风门的漏风量为：

$$Q_l = Q_A - Q_{A_1} = 46\ (\mathrm{m^3/min})$$

本次试验地点的风量为 860 m³/min，则漏风率为 5.3%。

表 5-7　检测点示踪气体 SF_6浓度记录表

释放量 q/(mL/min)	c_A/($\times10^{-6}$)	c_{A_1}/($\times10^{-6}$)
1 000	505	495
1 000	496	481
1 000	437	430
平均值	479	468

5.3.3　示踪气体测定覆岩“竖三带”试验

在工作面采过后，其上覆岩层的原始状态被破坏，待顶板垮落后，在顶板方向一般构成“竖三带”结构，即垮落带、裂缝带和弯曲下沉带。准确地了解采场上覆岩层“竖三带”分布，是合理设计顶板走向高位钻孔终孔层位的关键。2017 年 7 月上旬通过现场考察将阳泉煤业(集团)有限责任公司五矿 8410 工作面进风巷腰巷正前 150 m 和 160 m 处作为覆岩“竖三带”发育高度试验的实施地点。2017 年 7 月中旬完成钻孔的施工，施工参数如表 5-8 所示，钻孔布置图如图 5-19 所示。

表 5-8 钻孔施工参数表

类型	施工地点	布置方式	钻孔直径/mm	钻孔长度/m	钻孔倾角/(°)	与巷帮夹角/(°)	封孔长度/m
注水孔	8410 工作面进风巷腰巷正前 150 m	穿层孔	75	86	44	54	24
注气孔	8410 工作面进风巷腰巷正前 160 m			68	54	30	24

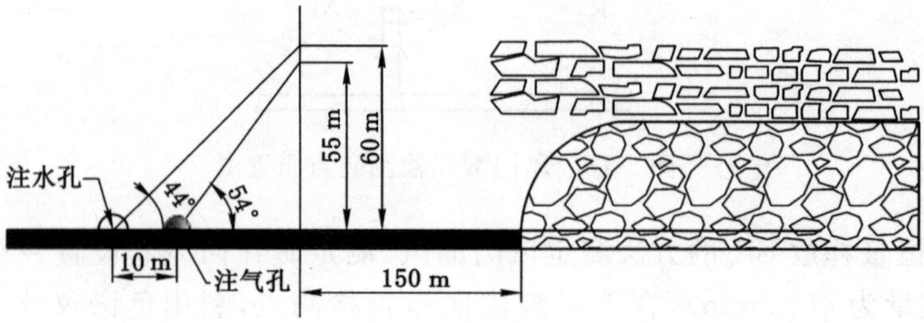

(a) 主视图

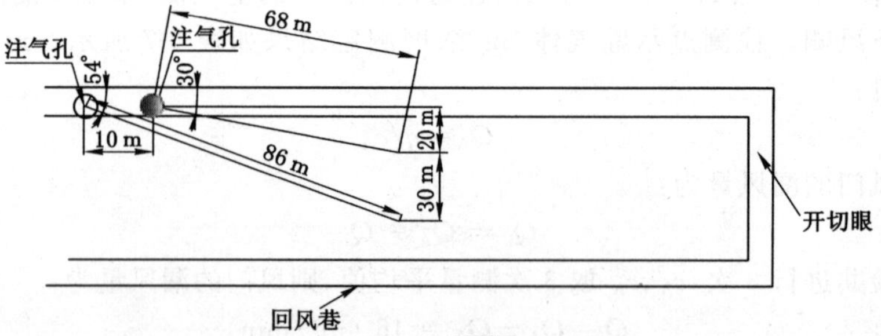

(b) 平面图

图 5-19 高位钻孔布置图

2 个钻孔的间距为 10 m，注气高位钻孔的终孔位置要比注水高位钻孔的终孔位置低，2 个钻孔的高度为 13～15 倍采高。在前期的工作完成后将注气高位钻孔接入矿井瓦斯抽采系统。如图 5-20 所示。

随着工作面的推进及采空区覆岩垮落，钻孔必将由原岩区域逐渐进入覆岩裂隙发育区。在钻孔孔底注入的示踪气体 SF_6 会随着裂隙的发育扩散到采空区及高抽巷中，在采空区及高抽巷设置检测点观测示踪气体的浓度变化以及出现的时间。同时随着工作面的推进，高位钻孔会由原岩区域逐渐进入覆岩裂隙发育区以及垮落带，瓦斯的浓度也会发生变化。当位于原岩区域时，钻孔抽采纯流量和浓度均很低；当钻孔由原岩区域进入覆岩裂隙发育区时，其抽采纯流量存在明显的突然增大现象，并在裂缝带内保持较高的抽采纯流量；当钻孔从裂缝带进入垮落带时，其抽采纯流量将突然减小，并在垮落带内保持低的抽采纯流量。在工作面推进过程中收集采空区的气体并检测示踪气体 SF_6 的浓度，如表 5-9 和图 5-21 所示。同时对钻孔中的瓦斯浓度数据进行整理，如图 5-22 所示。

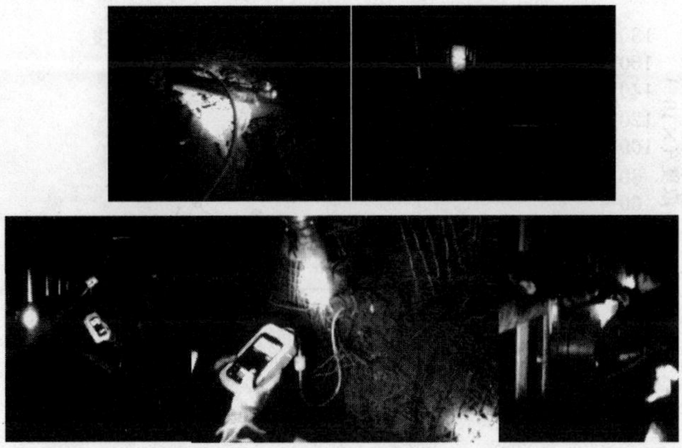

图 5-20　高位钻孔施工现场图

表 5-9　示踪气体 SF_6 浓度变化表

检测时间	采空区示踪气体 SF_6 浓度/($\times 10^{-6}$)	高抽巷示踪气体 SF_6 浓度/($\times 10^{-6}$)
第 1 天	0	0
第 2 天	0	0
第 3 天	0	0
第 4 天	0	0
第 5 天	0	0
第 6 天	0	0
第 7 天	0	0
第 8 天	0	35
第 9 天	0	26
第 10 天	17	93
第 11 天	20	122
第 12 天	54	104
第 13 天	43	45
第 14 天	60	40
第 15 天	22	0
第 16 天	8	0
第 17 天	0	0
第 18 天	0	0
第 19 天	0	0
第 20 天	0	0

从表 5-9 和图 5-21 可知：在检测示踪气体 SF_6 浓度过程中，高抽巷在前 7 天未检测到示踪气体，第 8—17 天示踪气体浓度呈现由小变大，再由大变小的趋势；采空区在前 9 天未检测到示踪气体，第 10—17 天示踪气体浓度也呈现由小变大，再由大变小的趋势。出现示踪气体浓度转折点的前一天对应的注气孔高度为弯曲下沉带的层位位置，注气孔的高

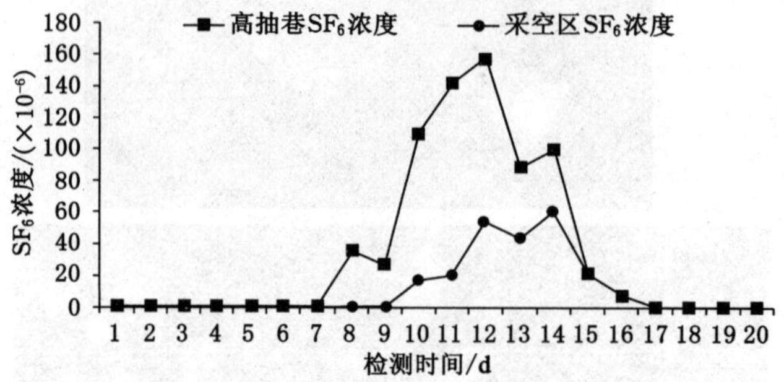

图 5-21　示踪气体 SF_6 浓度

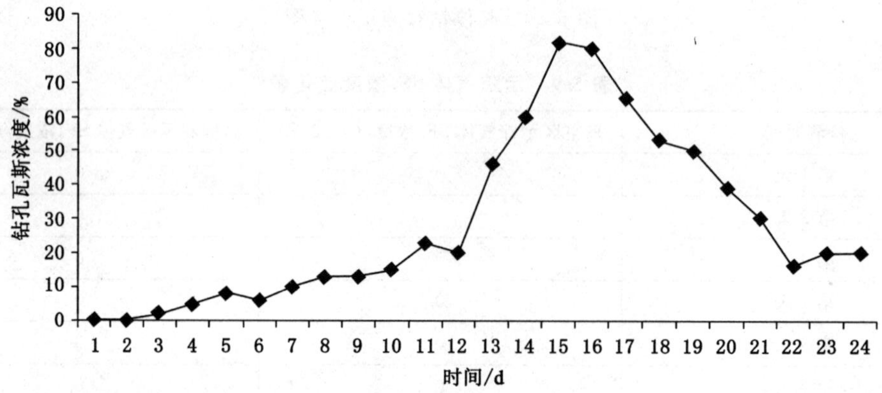

图 5-22　注气孔瓦斯浓度

度为 52 m。

从图 5-22 可知：注气孔中的瓦斯浓度在检测过程中存在 2 个转折点，即由小变大再由大变小 2 个转折点，对应了裂缝带的层位位置。在工作面推进过程中，覆岩“竖三带”随渐向前发育，裂隙逐步发育到注气孔的位置；本煤层中的瓦斯开始进入注气孔，注气孔中的瓦斯浓度开始增大，同时孔底的示踪气体 SF_6 开始进入裂隙慢慢流入高抽巷及采空区，随着裂隙的不断发育，其流动速度开始增大，在钻孔与采空区中采集到的示踪气体浓度也开始增加。当工作面推进到一定位置后，注气孔附近的裂隙发育速度开始衰减，钻孔中的瓦斯浓度趋于稳定直至变小，高抽巷及采空区中的示踪气体浓度也变小。在每天检测钻孔瓦斯浓度与示踪气体浓度的同时，记录工作面的推进速度与距注气孔距离。从图 5-22 中可以看到，在前 11 天的时间里，钻孔中的瓦斯浓度变化很小，从第 12 天开始，瓦斯浓度开始发生大的变化，第 12—15 天瓦斯浓度增大，第 16—20 天瓦斯浓度减小，在第 20 天后瓦斯浓度基本不发生变化。工作面在第 12—20 天对应的注气孔的位置即裂缝带的层位，在第 12 天与第 20 天对应的注气孔的高度分别为 27.4 m、38.6 m；在第 20—23 天钻孔瓦斯浓度基本不变化，对应位置即垮落带的层位，高度为 11.5～21.3 m。

在注气高位钻孔初次检测到示踪气体 SF_6 对应的位置以及瓦斯抽采浓度的变化点所对应的高位钻孔的位置区间，进行分段注水。在钻孔施工完毕后，分别在每段注水，在每个注水管口接入流量计，每天记录注入水的体积。随着采煤工作面的推进，高位钻孔中注水位置的裂隙会发育到最大化。根据 5 个注水段注入水量的多少，判断该位置裂隙发育程度的高低。在工作面推进过程中注入水量如图 5-23 所示。

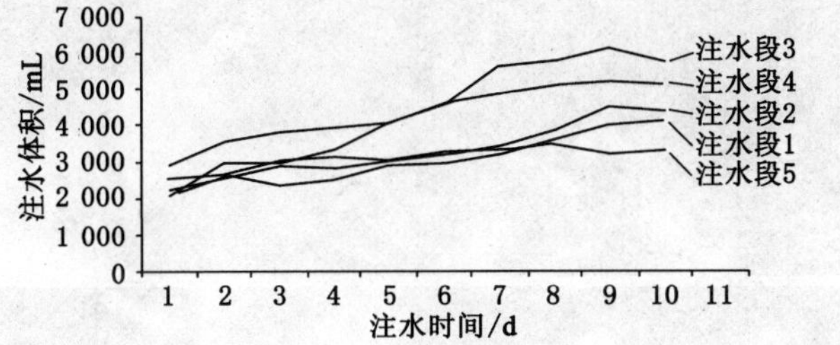

图 5-23　分段注水体积

从图 5-23 可知：在裂缝带中布置的 5 个注水段，在 10 天的注水时间里注水段 1、注水段 2、注水段 5 的注入水的体积基本一样，注水段 3 与注水段 4 的注入水的体积比较大。这说明注水段 3 与注水段 4 的位置处裂隙的发育程度较高，注水段 1、注水段 2 和注水段 5 的位置处裂隙的发育程度较低。

通过示踪气体和分段注水综合测定开采扰动覆岩“竖三带”发育高度，确定出 15 号煤层覆岩垮落带高度在 11.5～21.3 m，裂缝带高度在 27.4～38.6 m。在设计高位钻孔抽采上隅角瓦斯时，高位钻孔终孔层位设计施工在 15 号煤层顶板上方 11～21 m 范围内较合适，抽采效果较好。高抽巷的适宜位置应选择在裂缝带中下部邻近层瓦斯涌出量较大层位，同时考虑裂缝带位置裂隙发育程度的高低，将高抽巷布置在注水段 3 与注水段 4 之间的位置，即煤层顶板上方 32～36 m 处。

5.3.4　示踪气体测定煤层渗透性试验

2017 年 6 月下旬通过现场考察将阳泉煤业(集团)有限责任公司五矿 8410 工作面回风巷距巷口 700 m 处作为测定煤层渗透性试验的实施地点。2017 年 7 月上旬完成钻孔的施工，施工参数如表 5-10 所示。

表 5-10　钻孔施工参数表

钻孔名称	开孔高度/m	孔径/mm	钻孔深度/m	封孔深度/m	倾角/(°)	与巷道中心线夹角/(°)
注气孔 A0	1.0	54	11	10	0	90
观测孔 A1	2.0	54	11	10	0	90
观测孔 A2	1.0	54	11	10	0	90
观测孔 A3	1.0	54	11	10	0	90
注气孔 B0	1.0	54	18	17	0	90
观测孔 B1	1.4	54	18	17	0	90
观测孔 B2	1.0	54	18	17	0	90
观测孔 B3	1.0	54	18	17	0	90

在钻孔施工完毕后，在钻孔内各安装 1 个 SF_6 气体检测探头，用于注入气体后实时监测孔内气体浓度变化情况，以便采取措施加以处理。在探头安装完毕后，用封孔剂封孔。注气

时控制注气压力和时间,通过时间来确定注气量,观测一段时间后根据注气孔内气体的衰减程度重复注气。如图 5-24 所示。

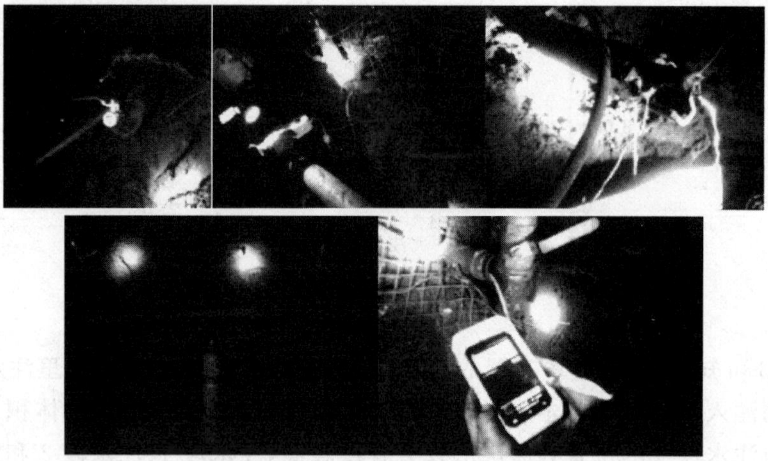

图 5-24 煤层渗透性测定现场图

测区观测孔布置完毕后即可进行前期观测。由于注气孔内示踪气体浓度不断衰减,在监测观测孔内示踪气体浓度的同时密切监测注气孔内示踪气体浓度变化,根据注气孔内示踪气体浓度衰减情况重新等压注气。

在现场观测过程中共安装了两台气体浓度记录仪,分别监测 A、B 两个测区。在现场观测期间,随 8410 工作面推进进行了多次观测。第一次观测时工作面距离测区 50 m 左右,第二次观测时工作面距离测区 30 m 左右,之后每间隔 10 m 观测 1 次,即 8410 工作面每推进 10 m 注气观测 1 次。每次观测可分为 3 个阶段:

① 气体流入阶段:经试验一般注气 30 min 左右气体可以从注气孔扩散到观测孔内,其后,观测孔内气体浓度逐渐增大,直至监测探头达到满量程。

② 平衡阶段:在监测探头达到满量程后监测数据虽然不再增加,但真实情况是气体还在不断向观测孔内运移,同时随着观测孔内气体浓度的不断增大,观测孔内气体也在不断向外界扩散,从而导致孔内气体浓度趋于平衡。

③ 气体扩散阶段。该阶段由于注气孔内气体压力的下降,气体向观测孔内流入的速度也在逐渐下降,从而导致观测孔内气体流入量小于扩散量,气体以向外扩散为主,直至观测孔内气体全部扩散完毕,一个观测循环结束。

考虑在注气初期气体以流入观测孔为主,流出量还很少,因此在计算气体流入速度的过程中以气体流入阶段尤其是其前期的数据为主要计算参量。为了保证试验数据的有效性和井下试验的成功率,采用向注气孔持续注气的方式注气。

从图 5-25 至图 5-29 可以得出以下几点结论:

① 在 5 次观测中,从测得的 SF_6 浓度变化的趋势来看,前 3 次观测过程中浓度曲线在初始阶段(2 h 左右)都是平稳变化的,从第 4 次观测开始有小的起伏,第 5 次观测波动较大。

② 比较前 3 次观测孔的 SF_6 浓度变化曲线,可以发现 A2 观测孔最先出现 SF_6,A1 观测孔次之,A3 观测孔最后。A3 观测孔最后出现 SF_6 的原因是它距离注气孔 A0 较远;而 A1 观测孔较 A2 观测孔出现 SF_6 晚的原因可能是受到煤体节理结构的影响,即煤层节理以

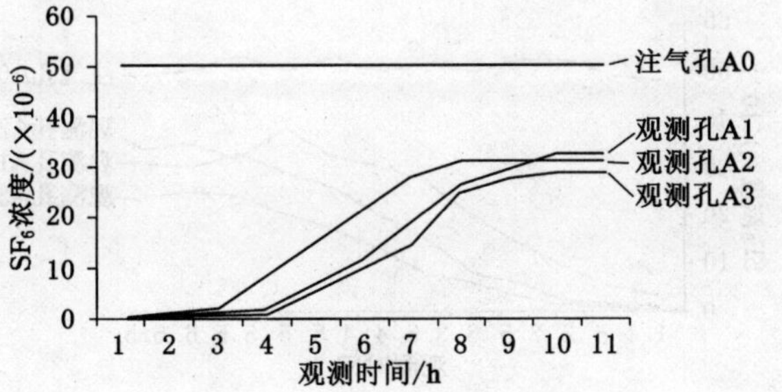

图 5-25　A 测区(离工作面 50 m)各钻孔 SF_6 浓度曲线

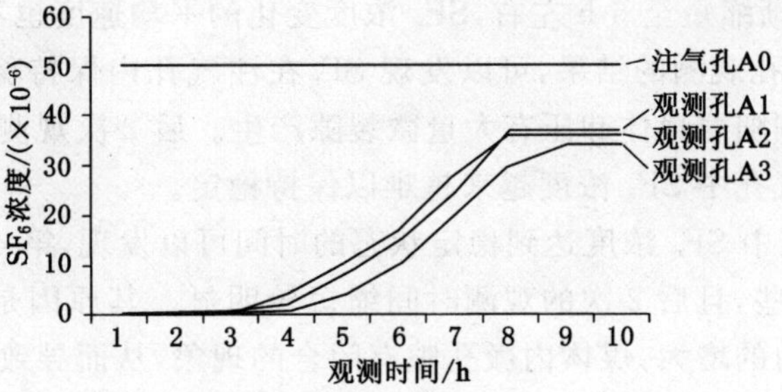

图 5-26　A 测区(离工作面 30 m)各钻孔 SF_6 浓度曲线

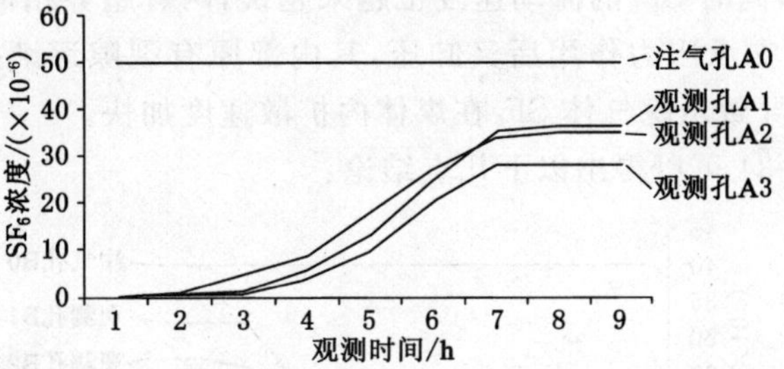

图 5-27　A 测区(离工作面 20 m)各钻孔 SF_6 浓度曲线

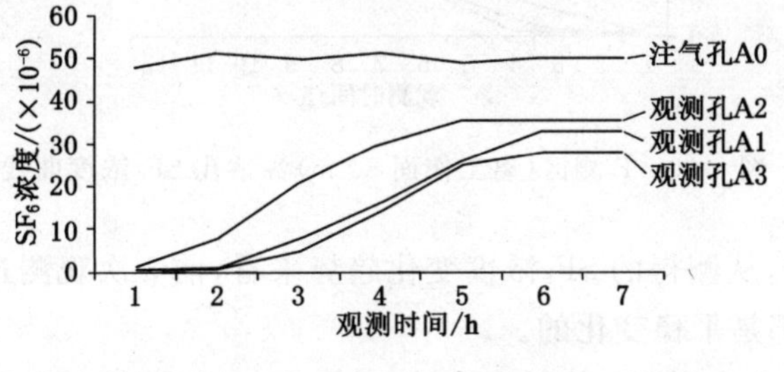

图 5-28　A 测区(离工作面 10 m)各钻孔 SF_6 浓度曲线

水平方向为主，所以处于水平位置的 A2 观测孔虽然距离 A0 注气孔较 A1 观测孔远，但是先接收到 SF_6。这说明煤体的渗透性是具有一定方向性的。

③ 比较 A2 观测孔观测的结果，可以发现从 SF_6 开始扩散至达到稳定值的时间越来越

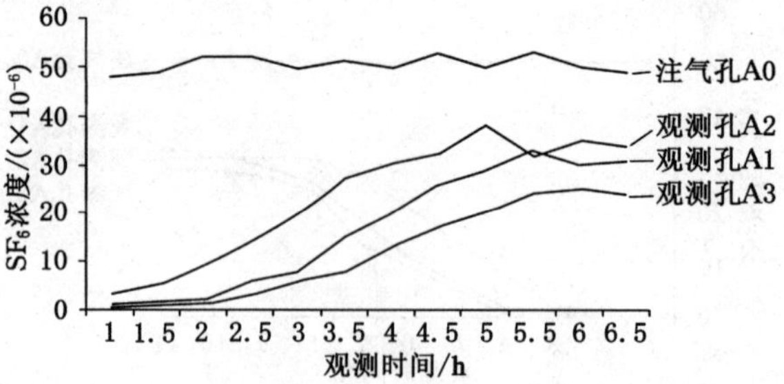

图 5-29　A 测区(至工作面)各钻孔 SF_6 浓度曲线

短,从最初的 11 h 逐渐缩短至 6 h 左右,SF_6 浓度变化的平均速度也不断加快。

④ 比较 A0 注气孔观测的结果,可以发现 SF_6 在注气孔内保持稳定浓度的时间逐渐缩短,这说明注气孔周围随着煤体卸压有大量微裂隙产生。后 2 次观测结果说明,SF_6 流失速度加快,从而使得注气孔中 SF_6 浓度越来越难以保持稳定。

⑤ 比较各观测孔中 SF_6 浓度达到稳定状态的时间可以发现,第 4 次和第 5 次观测的时间比前 3 次都要短一些,且后 2 次的观测时间缩短较明显。其原因是后 2 次观测处于支承压力集中区,随着应力的增大,煤体内微孔隙有闭合的现象,从而导致透气性降低,气体流动速度减慢。

⑥ 在工作面推进过程中,由于测区与工作面之间的距离不断减小,煤体受到的采动和卸压影响越来越明显,同时 SF_6 的流动速度也越来越快,两者趋势相似。产生这一现象的原因是煤体在承受超前支承压力作用后又卸压,其内部原有裂隙逐渐扩张、新生裂隙不断产生,渗透率增加,从而导致示踪气体 SF_6 在煤体内扩散速度加快。

从图 5-30 至图 5-34 可以得出以下几点结论:

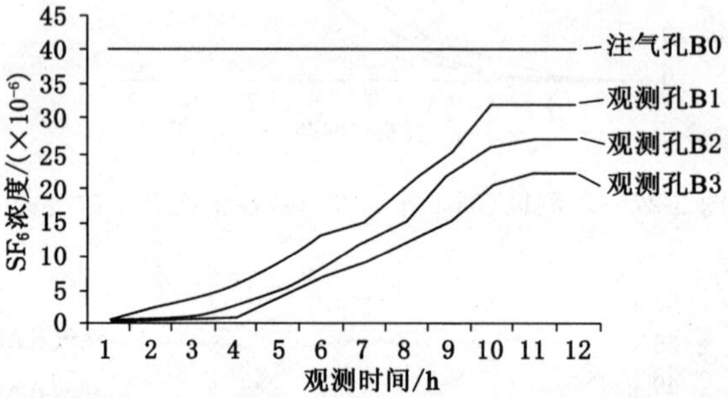

图 5-30　B 测区(离工作面 50 m)各钻孔 SF_6 浓度曲线

① 在 5 次观测中,从测得的 SF_6 浓度变化趋势来看,前 3 次观测过程中 SF_6 浓度曲线在初始阶段(1 h 左右)都是平稳变化的。

② B1 与 B2 观测孔出现 SF_6 的时间大致相同,B3 观测孔相对滞后,原因是 B3 观测孔距离注气孔 B0 较远。与 A 测区相应结果对比,亦说明煤体的渗透性是具有一定方向性的,但在水平层面基本一致。

③ 比较 A0 注气孔 5 次观测的结果可以发现,SF_6 在注气孔内保持稳定浓度的时间逐渐缩短,这说明注气孔周围随着煤体卸压有大量微裂隙产生;后 3 次观测结果也说明,气体

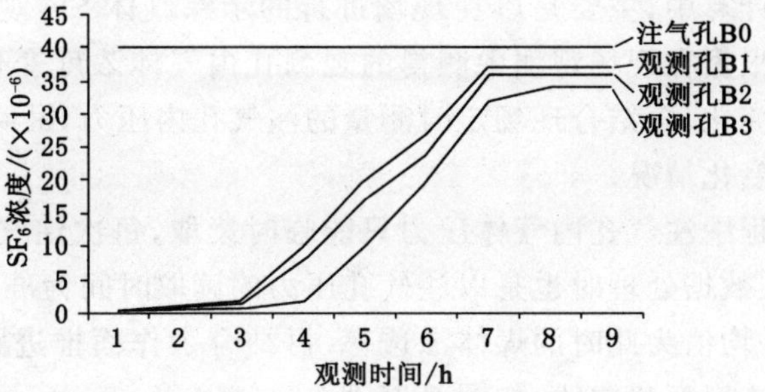

图 5-31　B 测区(离工作面 30 m)各钻孔 SF_6 浓度曲线

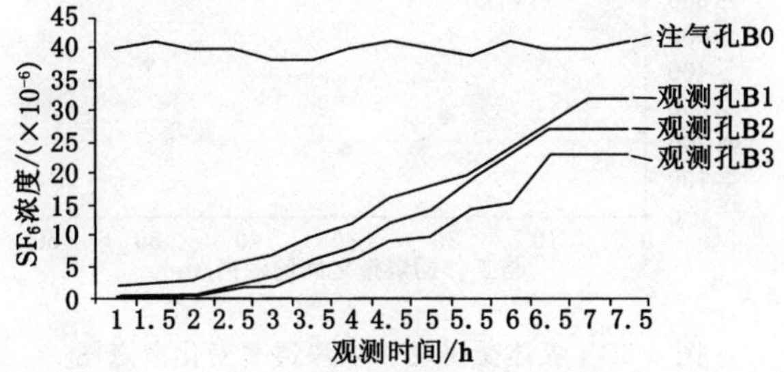

图 5-32　B 测区(离工作面 20 m)各钻孔 SF_6 浓度曲线

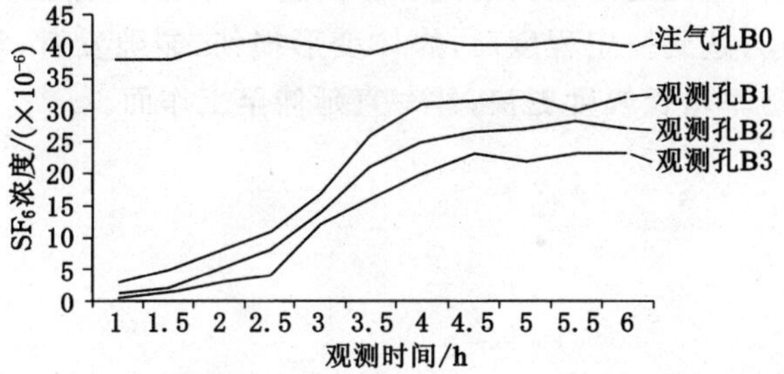

图 5-33　B 测区(离工作面 10 m)各钻孔 SF_6 浓度曲线

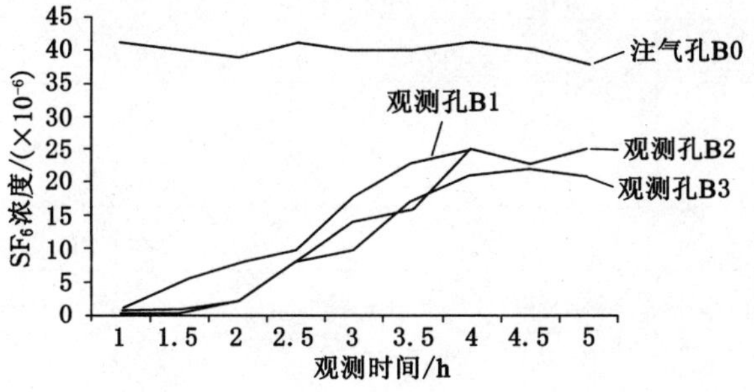

图 5-34　B 测区(至工作面)各钻孔 SF_6 浓度曲线

流失速度加快，注气孔中 SF_6 浓度越来越难以保持稳定。

在本研究的数据处理过程中主要应用达西定律来计算煤体的渗透系数 K 和渗透率 k。

在煤体渗透率的计算中，主要是以在现场进行的示踪气体 SF_6 观测所得数据为基础来进行的。具体过程是根据在现场观测中测得的观测孔内气体浓度变化，推导出相应的渗流速度和观测孔内压力变化，再结合现场定时测量的注气孔内压力，最终计算出在工作面推进过程中煤体渗透率的变化情况。

由于现场观测过程中注气孔内气体压力只能临时读取，每次注气分别在不同时间段读取两个压力值，因此在数据处理时也是以注气孔压力的读取时间为准，每次观测可以求得两个煤体渗透率，取其平均值为此时的煤体渗透率，再结合工作面推进距离，绘制出距工作面不同距离内的煤体渗透率变化曲线，如图 5-35 所示。

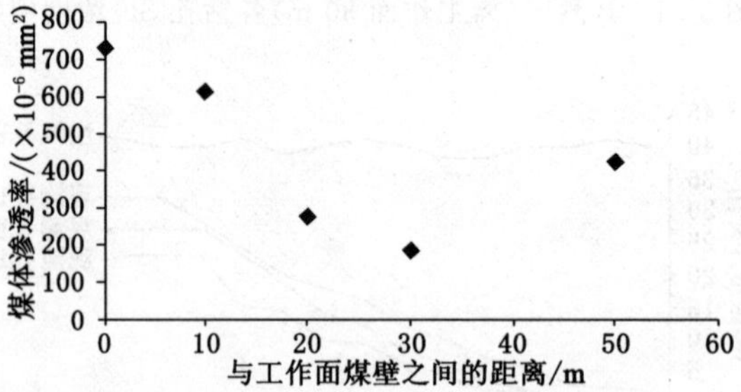

图 5-35　煤体受采动影响渗透率变化散点图

从图 5-35 可见，在工作面推进过程中，煤体渗透率最小值位于距离工作面 30 m 处。从趋势上来看，在煤体所受应力逐渐增大的过程中，煤体裂隙被逐渐压实，孔隙率变小，渗透率也随之下降；在所受应力达到一定程度后，煤体变形损伤，裂隙发育，渗透率又迅速升高，所受应力达到峰值时渗透率增长幅度更快，并一直延伸至工作面。

第6章 高瓦斯煤层大采高工作面瓦斯综合防治管理体系

6.1 煤矿瓦斯零超限目标管理

强化煤矿瓦斯防治管理和技术重点内容应包括:必须建立瓦斯零超限目标管理制度。瓦斯超限必须停电撤人、分析原因、停产整顿、追究责任。

6.1.1 瓦斯零超限目标管理体系

瓦斯防治作为一项系统工程,涉及通风、抽采现场管理等多方面。瓦斯是否超限是衡量瓦斯防治的一项重要指标。从安全管理的角度来看,瓦斯超限意味着日常瓦斯防治工作还有漏洞和薄弱环节。因此,瓦斯零超限是瓦斯防治各项措施落实的综合体现,控制瓦斯超限也是落实瓦斯防治措施的最后防线。煤矿应当构建瓦斯零超限目标管理体系,以建立瓦斯零超限目标管理制度为核心,创建常态化工作机制,重点在工作中形成"倒逼机制"。通过瓦斯零超限目标倒逼瓦斯抽采、通风等综合防治措施落实,构建起通过瓦斯超限追溯瓦斯防治过程中的薄弱环节和措施落实不到位的工作机制。

建立瓦斯零超限目标管理制度,要重点围绕通风系统、瓦斯抽采等方面工作,主要内容包括:加强通风管理,确保通风系统合理可靠,严防无计划停电停风和违规违章局部通风、无风(微风)作业,消除瓦斯积聚;以瓦斯抽采为核心,确保先抽后采、抽采达标,突出矿井必须落实区域防突措施,真正把煤层的瓦斯含量降下来;健全完善瓦斯防治责任体系,强化现场管理等。

6.1.1.1 通风系统管理

(1) 设立专用回风巷

所有采区和工作面必须具备独立完善、可靠稳定的通风系统。矿井生产系统构成和生产布局及开采工艺的选择,都必须满足防治瓦斯灾害的要求。

矿井生产水平和采区必须实行分区通风,设立专用回风巷,严禁无风、微风和串联通风。高瓦斯矿井、煤与瓦斯突出矿井的每个采区,低瓦斯矿井开采煤层群和分层开采采用联合布置的采区,开采容易自燃煤层的采区,必须设置专用回风巷。采区进回风巷道必须贯穿整个采区,严禁一段为进风巷,一段为回风巷。新矿井投产前要按规定进行通风阻力测定,掌握通风阻力分布情况,分析和优化通风系统;矿井转入新水平生产或改变一翼通风系统后必须重新进行通风阻力测定。

(2) 确保风量、风流充足可靠

矿井总风量、采掘工作面和各供风场所的风量必须满足生产安全的需要;风速、有害气体浓度等必须符合《煤矿安全规程》的要求。矿井总进风(回风)巷和主要进风(回风)巷应设置测风站，定期进行全面测风。各矿井必须按照矿井核定生产能力组织生产，严格执行“以风定产”，严禁超通风能力组织生产。煤矿施工生产作业时必须保证系统和各用风地点风流稳定可靠。掘进工作面必须采用局部通风机通风或全风压通风；高瓦斯矿井、煤与瓦斯突出矿井掘进工作面采用三专（专用开关、专用电缆、专用变压器）供电，并实现运行风机和备用风机自动切换，保持局部通风机连续运转、均衡供风、风流稳定。低瓦斯矿井的煤与半煤岩掘进工作面要积极推广使用“双风机、双电源”，确保供风稳定、可靠。

6.1.1.2　瓦斯抽采要求

根据《国务院安委会办公室关于进一步加强煤矿瓦斯治理工作的指导意见》（安委办[2008]17号）、《煤矿瓦斯抽采达标暂行规定》和《煤矿瓦斯抽采规范》（AQ 1027—2006）等规定要求，强化瓦斯抽采必须要强化多措并举、应抽尽抽、可保尽保、抽采平衡的技术措施，确保抽采达标。

（1）确定抽采参数

新矿井设计、建设时，必须研究井田瓦斯赋存规律，确定瓦斯富集区域，测定开拓、准备区围岩、煤层瓦斯含量和压力参数，绘制瓦斯含量等值线图和瓦斯地质图；分区域、分煤层测定煤层透气性系数，根据相关参数合理选择抽采系统、抽采方法和抽采工艺。矿井新采区、新采面要做到瓦斯抽采工程与生产建设工程同时设计、超前施工、超前投入使用。矿井、采区和采面设计，必须满足瓦斯抽采系统对巷道和断面的要求，做到瓦斯抽采能力与采掘布局相协调、相平衡，使采掘生产活动始终在抽采达标的区域内进行。

（2）建立抽采系统

矿井必须建立地面永久瓦斯抽采系统，瓦斯抽采系统设计和建设坚持“大流量、多抽泵、大管径、多回路”的原则。矿井瓦斯抽采能力必须满足矿井安全生产的要求，在保证安全的前提下，采用高位钻孔、大直径钻孔、水平长距离钻孔、专用巷道等抽采工艺，强化抽采措施，最大限度地对瓦斯进行利用。应优先选择高负压大流量水环式真空泵，瓦斯抽采泵和管网的能力要留有足够的富余系数。具备条件的矿井，应分别建立高、低浓度两套抽采系统，满足煤层预抽、卸压抽采和采空区抽采的需要。

（3）选择抽采方法

采前预抽采措施可与边开采边抽采、采空区抽采相结合，因地制宜，利用一切可能的空间和条件，最大限度地充分抽采煤层瓦斯。水平接续、采区衔接都要保证瓦斯预抽达标和整个抽采作业过程的安全技术要求，实现先抽后采。煤与瓦斯突出矿井具备开采保护层条件的，必须优先选择开采保护层，实施超前预抽瓦斯等区域防突措施；对被保护层保护范围和保护效果要进行考察，并确保保护效果有效；不具备保护层开采条件的突出煤层，应采用煤层顶板（底板）巷道和穿层钻孔、顺层长钻孔等措施预抽煤层瓦斯。严重突出危险煤层尽可能选择地面钻井预抽或穿层钻孔预抽。石门揭穿突出煤层前必须编制设计相关措施，严格进行突出危险性预测和防突效果检验，留设足够的岩柱尺寸，认真实施抽采瓦斯、水力冲孔等综合防突措施。

（4）建立抽采达标评判体系

瓦斯抽采要以满足采掘工作面安全生产要求为前提。煤矿企业要建立瓦斯抽采达标考核办法，并按照矿井瓦斯抽采达标评判细则开展瓦斯抽采达标评判工作，加强对瓦斯抽采效果的评估考核。要针对煤层瓦斯赋存条件，确定瓦斯抽采达标的系统、设备和工艺参数，建立抽采设计和评估考核标准；煤层经抽采瓦斯后，采掘工作面瓦斯抽采率、煤的可解吸瓦斯含量和回风流瓦斯浓度要达到《煤矿瓦斯抽采基本指标》(AQ 1026—2006)的要求；所有突出矿井必须实施区域预抽，突出煤层突出危险区域的采掘工作面经预抽后，瓦斯含量和瓦斯压力要达到《煤矿瓦斯抽采基本指标》规定要求，否则严禁组织采掘作业。

6.1.2　瓦斯超限处理措施

井下现场作业人员发现瓦斯超限、报警或接到撤人指令，必须立即停止作业，按应急预案要求撤至安全区域(煤与瓦斯突出矿井要撤至地面)，并及时报告带班矿领导、队长(班组长)或地面调度室。井下瓦斯检查员发现瓦斯超限、报警或接到撤人指令，必须立即责令和组织人员撤至安全区域，并向井下带班矿领导或地面调度室报告；井下值班矿领导、班组长和其他安全生产管理人员发现瓦斯超限、报警或接到报告、指令，必须立即下达停止作业、撤出人员指令，并组织、督促人员撤至安全区域；矿井调度室值班人员接到井下报告或发现监控系统瓦斯超限报警后，必须立即向井下下达撤人指令，并跟踪调度、督促可能受威胁区域内全部作业人员停止作业、撤至安全区域，并向地面值班领导、总工程师、矿长报告；有关矿领导接到报告后必须立即督促人员撤至安全区域，组织查明原因，采取进一步处置措施。调度室要做好处置记录，及时逐级上报瓦斯超限原因及处理情况，并将处置情况作为交接班的重要内容。

6.1.2.1　采煤工作面瓦斯超限处理措施

为加强井下瓦斯管理，在一些煤矿的瓦斯管理实践中，设定工作面上隅角瓦斯报警浓度为0.8%。当工作面上隅角瓦斯浓度达到0.8%时，由当班瓦斯检查员负责向调度、通风等有关部门汇报，同时采取措施(大直径钻孔、高位钻孔等方法)处理上隅角瓦斯，直至瓦斯浓度降到0.8%以下时方可恢复正常生产，并由监控人员做好记录备查。当工作面上隅角瓦斯浓度达到或超过1.0%时，自动切断工作面所有非本质安全型电气设备电源，工作面必须停止生产，撤出工作面所有工作人员，向调度、通风等有关部门汇报，组织人员采取措施进行处理，直至瓦斯浓度降到0.8%以下时方可恢复正常生产，并由监控人员做好记录备查。采煤工作面上隅角瓦斯超限时一般采取以下2种技术措施。

(1) 大直径钻孔抽采瓦斯

可以选择在工作面措施巷向工作面回风巷施工大直径钻孔，钻孔穿透煤柱进入采空区。控制钻孔终孔位置与巷道高度持平，抽采采空区内高浓度瓦斯。为了提高抽采效果，钻孔内需要下护壁钢管。钻孔采用聚氨酯封孔，封孔长度6 m(钻孔两端分别封3 m)，封孔目的是将护管周围的空隙填堵，具体封孔工艺见图6-1。将护管连接到支管上，然后连接到干管上，再连接到主管上，最后到瓦斯抽采系统。为了避免护管因碰撞晃动而影响封孔质量，从

图6-1　大直径钻孔封孔工艺图

而降低抽采效果,孔口需要用水泥砂浆将护管固定牢固或用木楔塞紧。

(2) 高位钻孔抽采瓦斯

可以选择在工作面回风巷内直接布置钻场,从顶板开孔并向工作面上方破裂带打钻孔,抽采上邻近层及其附近煤线中的瓦斯。在回风巷用抽采管抽采空区的瓦斯,在采煤工作面上隅角处形成一个负压区,从而使采煤工作面上隅角处瓦斯向抽采管流动。

在布设瓦斯抽采钻孔时要依据两个原则:一是钻孔的终孔层位位于裂缝带上部界限以下;二是钻孔进入卸压区的层位位于垮落带顶部及裂缝带下部界限以上。

6.1.2.2 掘进工作面瓦斯超限处理措施

部分煤矿在掘进工作面回风流中瓦斯浓度达到0.8%及以上时,自动切断工作面及其回风流中所有非本质安全型电气设备,停止作业,撤出工作面人员,设置栅栏,并向调度、通风等有关部门汇报。由瓦斯检查员负责核准瓦斯浓度,符合就地排放瓦斯条件时,由当天值班矿领导或总工程师指挥,由当班瓦斯检查员和跟班队长负责按措施就地排放,并做好排放记录,直至瓦斯浓度降到0.8%以下时方可恢复正常生产,并由监控人员做好记录备查。掘进工作面上隅角瓦斯超限时一般采取以下2种技术措施。

(1) 加大供风量

可选择安装大功率通风机加大供风量的方法降低瓦斯浓度。此措施在一定程度上可有效稀释工作面瓦斯。由于受技术的限制,通风机的功率不可能无限增大。即使排除技术的限制,通风机的功率可以达到理想的状态,但在巷道断面积变化不大的情况下,掘进工作面的风速就会增大。根据《煤矿安全规程》规定,掘进中的煤巷、半煤岩巷和岩巷最高允许风速不得大于4 m/s,因此不可能一味地加大风量。也可通过增加掘进巷道局部通风机数量,加大供风量。

(2) 井下定向长钻孔抽采瓦斯

此方法是在煤巷掘进前进方向进行预抽,可有效地减少掘进过程中煤壁的瓦斯涌出量,达到降低掘进工作面瓦斯浓度的目的,从而大大提高掘进的安全性。而为了提高掘进速度,需要在掩护抽采的条件下进行,如使用千米钻机能形成长钻孔,大幅度提高煤层的裂隙及透气性,大大提高预抽煤层的抽采效率,加快巷道的掘进速度。

6.2 煤矿瓦斯防治责任

强化煤矿瓦斯防治管理和技术重点内容应包括:必须完善瓦斯防治责任制。煤矿主要负责人负总责,确保瓦斯防治机构、人员、计划、措施、资金五落实。

6.2.1 瓦斯防治责任体系

瓦斯防治责任制是煤矿瓦斯防治管理工作中最基本、最重要的制度。搞好瓦斯防治,首先要建立健全瓦斯防治责任体系,把瓦斯防治责任分解落实到各部门和各岗位。

6.2.1.1 瓦斯防治责任体系构建

(1) 建立瓦斯防治责任制度

瓦斯防治涉及人员、机构、技术、资金、设备、管理等煤矿安全生产的方方面面,牵扯部门多,综合协调难、管理难度大,是一项复杂的系统工程。煤矿企业的瓦斯防治工作要做好,关键在于主体责任的明确和落实,必须靠制度管人、管事,要责任到人,责任到岗,各司其职、分工明确、相互配合；必须明确煤矿企业瓦斯防治主要负责人、相关负责人和各部门、各岗位的安全生产责任，促使全员高度重视瓦斯防治工作，保证煤矿企业的瓦斯防治工作统一部署、指挥。

煤矿企业应当建立自上而下、横向到边、纵向到底的煤矿瓦斯防治责任制度与管理网络，保障瓦斯治理规划、目标、措施的制定实施和体系、机构、投入的落实。要细化瓦斯治理和安全生产责任，并分解落实到煤矿企业各个层级、各个环节和各个岗位，形成健全完善的安全生产责任体系。纵向方面，上至董事长、总经理和总工程师（技术负责人），下至作业现场的每个职工，都要明确具体的岗位职责；横向方面，对包括党政工团在内的各个职能部门和各工种、各岗位人员在瓦斯防治工作中承担的责任作出规定；同时要做好相关单位和各个环节安全管理责任的衔接，相互支持、互为保障，确保瓦斯防治工作处处有人管理、事事有人负责，做到责任无盲区、管理无死角，并在实际工作中严格执行、认真落实。

(2) 建立瓦斯防治工作考核机制

一套科学完整、运行高效的管理系统，离不开严格的责任考核制度。瓦斯防治工作考核是根据各部门、各岗位瓦斯防治责任体系，建立瓦斯防治工作考核机制，对各部门、各岗位瓦斯防治工作及成效进行全面的考核和评估。煤矿企业应当制定对各部门、各岗位的瓦斯防治工作考核办法，明确考核内容、标准与评分细则。坚持一级考核一级的管理模式，对瓦斯防治工作目标完成情况进行考核，通过考核和引导不断规范瓦斯综合防治工作。其具体考核指标包括：瓦斯抽采量、抽采率、抽采钻孔量、瓦斯治理工程、瓦斯利用量、保护层开采面积等。

煤矿企业主要负责人要分别与各部门负责人签订瓦斯防治责任书。各部门也要按照这一模式，将部门瓦斯防治目标分解到每个岗位和员工。通过层层签订责任书，形成一个自上而下分解到人，自下而上逐级落实瓦斯防治责任的承诺保证体系，确保瓦斯防治工作的进一步深化和落实。

煤矿企业应成立瓦斯防治工作考核小组，每年对瓦斯防治工作落实情况进行一次全面考核，验证过程管理中各项瓦斯防治管理措施的有效性。根据考核等级，进行奖励和惩罚。通过奖惩措施将瓦斯防治工作考核结果与个人经济利益挂钩，并作为升迁、评优的重要依据。

煤矿企业安全管理部门要加强对瓦斯综合治理工作的监督检查，保证矿井瓦斯综合治理工作体系健全完善，各项瓦斯防治措施落到实处。

6.2.1.2　相关人员的瓦斯防治责任

(1) 煤矿主要负责人

落实从主要负责人到各部门和各岗位的瓦斯防治责任，是保障煤矿瓦斯防治措施落实的根本和关键所在。瓦斯防治工作要做好，关键在于主体责任的明确和落实。瓦斯防治应作为"一把手"工程，主要负责人应高度重视瓦斯防治工作，亲自动手抓，确保煤矿瓦斯防治工作得到切实有效的加强和改进。

建立完善的瓦斯防治责任体系，首先要明确煤矿企业和煤矿"一把手"是瓦斯防治的第一责任人，对瓦斯防治工作负总责。主要负责人对本单位瓦斯防治工作统筹安排，符合当前煤矿企业管理体制，能够确保瓦斯防治需要的大量人力、物力、财力投入得到有效落实，切实保障资金、人员、物资等要素和资源向着有利于煤矿瓦斯防治工作的方面配置。煤矿主要负责人的瓦斯防治责任包括:组织制定并落实覆盖各部门、各岗位的瓦斯防治责任制,组织制定并颁布本单位的瓦斯管理制度;建立健全瓦斯防治机构,配备瓦斯治理专业技术人员,解决瓦斯治理所需人员、资金及物资,保证瓦斯治理工作的实施;定期召开瓦斯防治工作会议,组织制定并审定瓦斯治理措施与计划,听取有关部门瓦斯防治工作汇报;经常深入井下了解掌握瓦斯治理情况,检查、指导防治瓦斯工作,解决瓦斯治理工作中的重大问题;组织对本单位职工进行瓦斯治理教育和培训,保证职工具备必要的瓦斯治理知识,熟悉相关的安全生产规章制度;组织制定实施本单位瓦斯事故应急预案,矿井发生瓦斯事故后应立即采取措施组织抢救,并按规定及时上报,严格按照"四不放过"原则对事故调查分析。

(2) 煤矿分管负责人

在瓦斯防治责任体系中,煤矿分管安全和技术的负责人要协助主要负责人做好监督检查和技术等相关工作,其他分管负责人负责分管业务范围内瓦斯防治方案和措施的落实。

① 技术分管负责人。煤矿技术分管负责人即总工程师对瓦斯防治负技术责任,负责组织制定瓦斯治理方案和安全技术措施,协助矿长做好防治瓦斯工作。其瓦斯防治职责包括:组织制定并审查瓦斯治理安全生产管理制度;安排使用瓦斯治理资金;加强防治瓦斯工作技术管理,组织编制、审批、实施、检查防治瓦斯工作的规划、计划、设计和安全措施;定期组织召开瓦斯治理办公会议,安排布置瓦斯治理工作,解决瓦斯治理工作中存在的问题;组织检查瓦斯治理措施的实施情况,经常深入井下了解掌握瓦斯治理情况,及时解决现场存在的瓦斯防治问题;加大科技投入,组织科技攻关,进行矿井瓦斯治理和瓦斯抽采研究,推广使用瓦斯治理新技术。

② 安全分管负责人。分管安全工作的煤矿负责人要履行对瓦斯防治工作监督检查的责任。其瓦斯防治职责包括:督促、检查各部门及各岗位落实瓦斯治理法律法规规定,完善瓦斯治理规章制度,落实瓦斯防治责任制;组织安全检查人员对瓦斯治理的方案和措施的执行及资金的使用进行监督检查,对违反瓦斯防治制度行为进行追查处理;经常深入井下现场检查瓦斯治理工作,监督瓦斯治理工作计划的落实,组织排查并督促处理矿井瓦斯隐患。

③ 生产分管负责人。分管生产工作的煤矿负责人在主要负责人的领导下,对生产系统的瓦斯治理工作负责。其瓦斯防治职责包括:负责生产系统业务范围内瓦斯防治措施、计划、工程的具体实施;严格督促采掘工作面落实瓦斯防治措施,确保防突及瓦斯抽采工作真正进入生产工序;负责采掘工作面的瓦斯防治工作,整改生产系统瓦斯防治相关问题及隐患;加强本系统区队干部、职工的瓦斯治理措施培训学习与监督考核工作。

④ 通风分管负责人。通风分管负责人(副总工程师)的瓦斯防治职责包括:协助主要负责人(或总工程师)制定本单位瓦斯防治计划与方案措施,并指导、协调、督促各单位贯彻瓦斯综合治理计划与方案措施,参与矿井重大项目的设计审查和验收工作;强化现场管理,及时发现瓦斯防治工作存在的重大隐患与问题,从技术上分析原因制定措施,督促落实整改。

⑤ 机电分管负责人。机电分管负责人的瓦斯防治职责包括:按矿井瓦斯等级要求选购井下机电设备,淘汰不合要求的落后设备;加强机电设备安全管理,确保机电设备安全工作;深入井下现场检查机电设备的安全运转情况,及时处理机电安全问题;组织并落实机电职工瓦斯治理知识学习培训和考核。

6.2.2 瓦斯防治保障机制

煤矿要保障瓦斯防治工作顺利有效开展,必须在机构、人员、计划、措施、资金等方面建立全方位的保障体系，确保瓦斯防治工作方方面面达到相应的要求。“五个落实”的要求在相关法律、法规、规章、标准中都有具体规定，是煤矿瓦斯防治的工作基础，必须认真落实到位。

（1）建立以总工程师为首的瓦斯防治技术管理体系

煤矿企业必须健全完善以第一责任人负总责，以总工程师为首的瓦斯防治责任体系。考虑有些矿井的总工程师职权有限，当生产和安全出现矛盾需要协调时，很多技术决策和保障措施总工程师次定权不大，所以提倡突出矿井总工程师作为矿井第一副职，对瓦斯防治工作全面负责。健全以总工程师为核心的技术管理体系，设立由总工程师直接管理的科研、设计、地测、通风、抽采、防突等专业机构和人员，增强其职权和权威性，提高煤矿安全工作决策力，进一步强化瓦斯防治工作组织领导。

煤矿企业应当加强对瓦斯防治重点环节管控，特别是对巷道贯通、系统调整、瓦斯抽采、火区启封等重要技术工作，必须成立由总工程师负责的技术协调管理小组，加强现场协调指挥。涉及瓦斯治理的矿井开拓部署，采掘巷道布置，生产系统调整，技术规范、标准、措施的制定，以及新技术、新装备、新工艺的推广应用等重大技术问题，必须由总工程师负责决策。

煤矿企业法人要支持总工程师按照法律、法规及规章开展瓦斯防治技术工作，赋予总工程师煤矿安全生产的技术决策权、技术决定权，保障总工程师责权统一，并建立切实有效的制度确保瓦斯防治技术方案、措施执行到位。任何单位及任何人不得越过总工程师，更不得违反瓦斯防治规定强行组织生产、建设。

（2）配齐通风、抽采、防突、地质测量等专业机构和队伍人员

瓦斯防治工作技术性强且难度大，需要不断地摸索和总结规律与经验教训，是非专业人员难以胜任的。建立一支高素质的、满足实际工作需要的、相对稳定的专业队伍，是搞好瓦斯防治工作的基础和前提。高瓦斯和煤与瓦斯突出矿井必须配备专职的通风副矿长及地测副总工程师，必须设立专职通风副总工程师，实现技术与行政管理责任分离。必须设立通风、地测、监控等部门，配足通风、防治瓦斯、防治粉尘、防灭火、安全监控和“一通三防”调度等工程技术人员，以及瓦斯检查员、测风员、监测工、打钻工、抽采工等专业人员，并每季度核定一次，不足人员应及时补充。煤与瓦斯突出矿井必须设立防突管理机构，应进行瓦斯抽采的煤矿企业必须建立专业的瓦斯抽采机构，配备足够数量的工程技术人员。高瓦斯和突出矿井必须建立气体参数测试室，配备专门测试人员。井巷揭煤应由防突专业队伍或石门揭煤专业化队伍施工，突出煤层采掘工作面施工队伍必须相对固定。

开采高瓦斯、突出煤层的矿井，“一通三防”技术及管理人员配备建议标准是：大型及以上矿井不少于 25 人，中小型矿井不少于 15 人；专门从事地质技术及管理人员配备标准是：大型及以上矿井不少于 15 人，中小型矿井不少于 8 人；其他每个专业队伍须配备不少于 1 名专业技术人员，并且必须满足工作需要。

（3）编制瓦斯治理中长期计划和年度实施计划

煤矿企业应制订瓦斯防治（抽采达标）中长期规划和年度实施计划，并在此基础上编制生产发展规划和年度生产计划，确保“抽掘采”平衡。年度实施计划的编制应以中长期规划为基础。

煤矿企业必须把矿井瓦斯防治规划与生产规划、矿井年度瓦斯防治计划与年度生产计划摆在同等重要的位置，实行统一管理，同时下达、同时实施、同时考核，以确保“抽掘采”平

衡。矿井生产计划的编制应以矿井瓦斯抽采达标煤量为限,计划开采的煤量不得超出瓦斯抽采达标的煤量。瓦斯综合治理工程应优先于采掘工程施工完成。采掘工作面瓦斯综合治理工程未完成、瓦斯综合治理未落实或瓦斯未得到有效治理的,采掘工作面不得生产,要切实做到先抽后采、不抽不采。

矿井应当按《煤矿安全规程》规定建立地面永久抽采瓦斯系统或井下临时抽采瓦斯系统,积极试验和考察不同抽采方式和参数条件下的煤层瓦斯抽采规律,根据抽采参数、抽采时间和抽采效果之间的关系,确定矿井合理抽采方式下的抽采超前时间,并结合抽采工程施工周期,安排抽采、掘进、回采三者之间的接替关系。在矿井采掘设计和生产安排上,必须为瓦斯抽采提供充足时间和空间,将瓦斯抽采纳入矿井生产接续计划安排,凡是应当抽采的煤层都必须进行抽采,实现抽采达标,保证采掘生产活动始终在抽采达标的区域内进行。

(4) 制定区域防突措施与计划

高瓦斯及突出矿井要按规定编制区域瓦斯治理技术方案,制订保护层开采计划和“一矿一策”“一面一策”,内容包括瓦斯治理与利用指标(瓦斯抽采量、抽采率、抽采钻孔工程量、瓦斯治理巷道工程量、保护层开采面积、瓦斯利用量等)、区域瓦斯治理方案和重点采掘工作面瓦斯治理措施等,并严格落实。坚持优先采取开采保护层或预抽煤层瓦斯等区域防突措施,做到区域防突措施先行,局部防突措施补充,不掘突出头,不采突出面。突出矿井应当将防突的预抽煤层瓦斯、保护层开采等工程与矿井采掘部署、工程接替等统一安排,使矿井的开拓区、抽采区、保护层开采区和突出煤层(或被保护层)开采区按比例协调配置,确保在突出煤层采掘前实施区域防突措施。

6.3 煤矿瓦斯防治现场管理

强化煤矿瓦斯防治管理和技术重点内容应包括:高瓦斯和突出矿井必须建立专业化的瓦斯防治队伍。工作面贯通、突出煤层揭煤、密闭的启封,必须由矿领导现场指挥。

6.3.1 瓦斯防治专业化队伍

建立专业化瓦斯防治队伍是加强瓦斯防治现场管理的必然要求。《煤矿安全规程》等有关文件对组建抽采、通风、打钻、防突等专业化队伍,并配备瓦斯防治专业技术人才提出了明确要求。

6.3.1.1 专业化打钻队伍管理模式

成立的专业化打钻队伍可由煤矿企业垂直管理。根据打钻队伍布局分散的特点,采取班子成员分片包干的模式,落实责任,提高执行能力。一些大型国有煤矿企业成立专业化队伍,管理模式如下:一是工作重心下移,把堡垒建在基层,纵深推进区队自主化管理;二是以钻机为单位,推行“机长负责制”,层层传递压力,明确任务;三是加大对技术能手、拔尖人才、包机长等关键岗位人员的培养力度,实施激励机制,充分调动职工的工作积极性和创造力;四是搭建成长的平台,倡导“全员学习、终身学习”的理念,注重团队建设,搞好科技交流和科技创新,不断提高专业化队伍的整体素质。

6.3.1.2 打钻过程管理体制

第一,诚实打钻,真实可信。实行“打真钻”的管理体制,钻孔技术参数应和设计一致,做到让矿方满意,树立良好的工程品牌。第二,安全打钻,安全绩效达优标准。把现场安全管理和质量标准化管理当成日常的主要任务来抓,实现"零死亡、零事故"目标。第三,真实封孔,实现抽采达标。瓦斯抽采效果达标,这是对专业化队伍的根本要求,不仅要打好钻,更要封好孔,实现真正的抽采达标。第四,加强同矿方的沟通与协调,超前安排生产接替计划,合理布局打钻作业地点。

6.3.2 瓦斯防治重点环节管理

强化和完善领导干部带班下井制度,加强对重点区域的检查和监督,是强化现场管理的保障。突出煤层揭煤、工作面贯通等易发生严重险情的作业环节,领导也必须现场指挥,切实强化现场管理。因此,进行作业时必须要建立现场管理制度,编制安全技术措施,明确程序、分级审批、专人指挥。

6.3.2.1 *石门揭开突出煤层*

石门揭开突出煤层是指石门自底(顶)板岩柱穿过突出煤层进入顶(底)板的全部作业过程。此作业环节会破坏煤岩层内的原始应力平衡状态,揭煤时容易发生重特大突出事故。

石门和立井、斜井工作面从距突出煤层底(顶)板的最小法向距离 5 m 开始到穿过煤层进入顶(底)板 2 m(最小法向距离)的过程均属于揭煤作业。石门揭煤前须对煤层赋存条件进行超前探测,确定所揭煤层的准确位置、倾角、厚度及顶底板岩性与地质构造等。目前,石门揭煤技术有:

① 煤层卸压技术:在煤层卸压方面,目前主要有水力割缝与水力冲孔等措施。这些措施可有效降低地应力和瓦斯压力,但同时也会破坏煤体完整性,使其强度降低,甚至会在煤层中形成"瓦斯包",成为潜在的危险源。

② 注浆加固技术:向煤体中注浆,通过注浆可有效提高煤体的强度。在注浆过程中,因地应力、瓦斯压力较大煤体的裂隙开度小,浆液仅会在钻孔裂隙中扩散,浆液的扩散半径有限。因此,通过注浆使煤体加固的范围有限。

③ 超前探孔:在掘进工作面距煤层法向距离分别为 15 m、10 m、5 m 的位置时,向煤层施工 3 个前探钻孔,钻孔必须穿透煤层,并进入煤层顶板 0.5 m,以准确掌握煤岩的位置关系、煤层赋存状态、地质构造、瓦斯情况等。

6.3.2.2 *火区启封*

火区的启封和注销,特别是煤的自燃火区,对于熄灭状况的判断是十分重要的,需要十分谨慎。过早启封会引起火区复燃,要熄灭这种火灾有时候是非常困难的,会延误更多时间,花费更多费用,甚至可能引起爆炸。在火区的管理中,封闭火区只是手段,而火区启封使得被冻结的资源早日得到回采才是目的。火区启封一定要做好准备,在《煤矿安全规程》的指导下严格按照有关安全规定执行,基本原则如下:

① 启封火区必须事先制定专门措施。

② 在启封之前,应准备把火区的回风直接引入回风巷,火区回风所通过的巷道内不许有人停留。

③ 高瓦斯矿井中,在与火区相连的巷道内,应采取其他措施。

④ 在启封火区恢复通风前,应切断启封防火墙附近的供电线路,尤其应注意回风侧的电源切断工作。

⑤ 启封火区和火区初期通风工作,都要由矿山救援队负责。

6.4 煤矿通风管理

6.4.1 瓦斯异常

(1) 瓦斯异常涌出

矿井瓦斯涌出形式可分为普通涌出和异常涌出。瓦斯普通涌出可定义为在时间和空间上比较均匀、普遍发生的不间断涌出,它决定矿井瓦斯平衡和分量分配。瓦斯异常涌出则定义为在时间和空间上突然、集中发生且涌出量很不均匀的涌出。在正常情况下,如下现象可被认定为瓦斯异常:瓦斯浓度大,经常处于临界状态;瓦斯浓度较小,但变化幅度较大;瓦斯浓度逐渐增大。

井下出现瓦斯异常与多种因素有关,比如煤层的厚度、地质构造、通风系统的调整等。在地质构造较为复杂的区域,比如背斜、向斜、褶曲以及陷落柱等构造区域,在采掘活动中容易出现瓦斯异常涌出。在工作面搬家、工作面贯通等重大生产工序实施时,通常情况下会对通风系统进行大范围调整,调整后有可能使工作面气体压力降低,采空区及其附近的压差变化有可能造成瓦斯异常。

(2) 风流异常

井下风流异常通常表现为在矿井通风正常情况下,工作面突然出现无风、微风、乏风、循环风等现象。

在实际生产中,如果矿井通风系统风量的稳定性较差,不仅会导致井下和用风地点风量出现不足,而且容易引起瓦斯异常、瓦斯积聚等,继而造成瓦斯窒息和爆炸事故。因此,为保证矿井通风系统风量稳定、减少异常风流,对通风系统进行调整尤为重要。对矿井通风系统进行调整主要遵循以下原则:

① 整体性。矿井生产系统是一个紧密结合的有机整体,通风系统仅仅是矿井生产系统的一个子系统,因此在拟定和分析通风系统时,必须与其他系统同时考虑。因而,在进行矿井通风系统设计时要实地考察矿井的实际情况,全面分析影响矿井生产与安全的各项因素拟定出一套合理的矿井通风系统;而在布置采掘巷道时也必须考虑其对矿井通风系统的影响,以保证各子系统之间相互协调有序地运行。

② 适应性。适应性是指通风系统的设计构思、布置安装、调试使用要和当时矿井的具体情况相适应。根据具体情况,适时地调整通风系统,其最本质的原因是矿井的动态变化性。

③ 抗灾性。尽管我们采取了各种措施来消除事故隐患,避免事故的发生,但事实上,事故的发生防不胜防,隐患的出现更是难以杜绝。因此,在进行通风系统设计时,不仅仅要考虑现行生产系统的需要,还应该针对将来可能发生的事故或隐患预先采取措施,制定应急预案。这样,一旦真的发生事故,就可以利用预先设立的通风系统将灾害控制在一定的区域内,减少或阻止灾害扩大。

6.4.2 通风分析制度

6.4.2.1 瓦斯检查范围的确定

通常情况下,根据作业地点的不同,井下瓦斯检查范围需要进行调整。下面针对主要巷道、采煤工作面、掘进工作面、爆破作业地点等的风流检查范围进行了详细的说明，并给出了参考值。

(1) 巷道的检查范围

有支架的巷道，检查距支架和巷道底部各 50 mm 的巷道空间范围；无支架或用锚喷、砌碹支护的巷道，检查距巷道顶、底、帮各 200 mm 的巷道空间范围。

(2) 采煤工作面的检查范围

采煤工作面进风巷风流是指进风巷口至距采煤工作面煤壁线以外 10 m 间的风流；采煤工作面风流即距煤壁、顶、底各 200 mm 和以采空区切顶线为界，进回风巷距煤壁线 10 m 以内的空间的风流；采煤机附近是指在其两滚筒之间和上、下风流侧 20 m 内的范围；采煤工作面上隅角指回风侧最后一排支架(柱)切顶线靠工作面侧的空间；采煤工作面回风流是指距煤壁线 10 m 以外的回风巷内不与其他风流汇合的一段风流；采煤工作面专用排瓦斯巷风流是指距巷口 15 m 的栅栏处以内范围的风流；采煤工作面内其他需要检查的地点范围。

(3) 掘进工作面的检查范围

掘进工作面风流是指掘进工作面煤壁到风筒出风口一段巷道中距顶、帮、煤壁各 200 mm范围内的风流；掘进工作面回风流是指压入式风筒出风口往外的巷道风流和抽出式风筒内的风流；使用除尘器的掘进工作面包括重叠段内和出风口 20 m 范围内的风流；局部通风机及其开关附近上、下风流 10 m 内的范围；掘进机电动机附近 20 m 内的范围；掘进工作面回风巷内电动机及其开关附近上、下 20 m 内的范围；双巷或多巷掘进工作面区域回风流为所有工作面回风均匀汇合后的巷道；掘进工作面内其他需要检查的地点范围。

(4) 爆破作业地点的检查范围

采煤工作面爆破地点附近 20 m 内的范围；掘进工作面爆破地点向外 20 m 范围；处理煤仓、矸石仓堵塞爆破时检查仓内；其他爆破地点检查附近 20 m 范围，相向两巷道爆破贯通时应同时检查对面巷道。

6.4.2.2　通风和瓦斯异常分析

为加强矿井通风和瓦斯管理、排查风流异常或者瓦斯异常，实现超前预警、超前治理，杜绝瓦斯事故，根据实际情况，矿井应建立通风和瓦斯分析制度。合理地进行矿井通风和瓦斯异常分析，对矿井瓦斯异常的预测预报以及矿井瓦斯事故的控制有重要的意义。进行通风和瓦斯分析时，首先要明确分析范围。一般情况下，通风异常、瓦斯监测数据异常，或者瓦斯基础参数超标出现在采掘工作面、采区回风巷、矿井总回风巷及其他通风作业地点。

(1) 分析重点

进行通风和瓦斯异常分析时，要确定分析的重点。根据实际情况，分析重点主要集中在以下几个方面：

① 采掘工作面出现无风、微风、循环风。

② 正常情况下，出现风量突然减小或风量忽大忽小等异常现象。

③ 采掘工作面突然出现瓦斯涌出量变化，而且变化幅度较大。

④ 采煤工作面回风流中瓦斯浓度经常处于临界值。

⑤ 采掘工作面爆破后风流中瓦斯浓度达到或超过 1%。

⑥ 采掘过程中出现煤体发生位移及钻孔施工过程中发生喷孔、顶钻、卡钻等瓦斯动力

现象。

（2）分析内容

进行通风和瓦斯分析时，具体的分析内容包括 4 个方面，即通风系统、地质构造条件、采掘工艺和瓦斯抽采。通风系统方面主要关注独立回风系统、风量变化、通风设施、主要通风机运行情况等；地质构造方面主要关注煤层赋存、构造形态等；采掘工艺方面主要关注采掘方法、循环进度、落煤量等；瓦斯抽采方面主要关注抽采工艺、抽采系统的运行状况等。

6.4.2.3 瓦斯异常管理措施

（1）掘进工作面管理措施

① 掘进前先勘探，做好地质构造的勘探与分析工作。研究作业区域地质构造对瓦斯涌出的影响。

② 做好通风系统的管理工作，必须保证风量。严格按照相关规定构建通风设施，巷道施工前完善通风系统的准备环节。巷道贯通以后必须立即观测通风系统的稳定性，并及时做好调整。

③ 加大瓦斯检测的力度。把所有炮眼中的瓦斯含量高于 10%的工作面都作为异常情况来处理，设专业的瓦斯检查员进行全面的检查和检测。

④ 加强掘进巷道的通风管理。为保证掘进巷道供风的可靠性，局部通风机采用高性能的对旋风机和双风机自动换闸启动装置；完善风电瓦斯闭锁装置，风机设专人管理，提高风筒管理质量，严禁无计划停电停风及完善瓦斯抽采制度。

（2）采煤工作面管理措施

影响采煤工作面瓦斯涌出的因素主要是开采规模、采煤工作面风量以及煤层瓦斯含量等。从采煤工作面风量上说，增加采煤工作面风量可加快瓦斯排出速度，能有效降低采煤工作面瓦斯浓度，但是无限制地增大风量，不利于采煤工作面防自然发火管理。因而，工作面需要多大的风量，要结合现场实际进行计算。另外，采煤工作面开采规模越大，采煤工作面瓦斯涌出量越大。控制采煤工作面开采规模可有效降低瓦斯浓度。控制采煤工作面开采规模的主要方法是减小采煤工作面推进速度。减少煤层瓦斯含量也可以有效地降低瓦斯异常涌出，通常可采取煤层注水的方法，利用高压水将煤层中的瓦斯提前释放出来，减少采煤机割煤时的瓦斯涌出量，从而降低割煤时的瓦斯浓度。

参考文献

[1] 曹勇,张晓明,佐佐木久郎,等.示踪气体诊断井下风流实态及弥散系数测定[J].辽宁工程技术大学学报(自然科学版),2017,36(2):165-169.

[2] 常绪华,刘星魁,贾海林.稳定释放 SF_6 条件下孤岛面漏风规律试验研究[J].中国煤炭,2016,42(9):86-90,95.

[3] 陈金玉,马丕梁,孔一凡,等. SF_6 气体示踪法测定钻孔瓦斯抽放有效半径[J].煤矿安全,2008(9):23-25.

[4] 陈善乐.综放工作面采空区渗流场域及渗透系数研究[D].阜新:辽宁工程技术大学,2015.

[5] 陈晓东. SF_6 气体测定漏风技术在赵庄煤矿的应用[J].陕西煤炭,2014(3):96-98.

[6] 陈彦龙,吴豪帅,张明伟,等.煤层厚度与层间岩性对上保护层开采效果的影响研究[J].采矿与安全工程学报,2016,33(4):578-584.

[7] 程志恒,齐庆新,李宏艳,等.近距离煤层群叠加开采采动应力-裂隙动态演化特征实验研究[J].煤炭学报,2016,41(2):367-375.

[8] 崔树江.大采高超大采场覆岩破坏运动特征及控制研究[D].北京:中国矿业大学(北京),2016.

[9] 崔益源.基于示踪气体测量技术的采空区漏风研究[D].北京:中国矿业大学(北京),2018.

[10] 代进,蒋金泉.上下盘开采顺序对断层煤柱采动应力的影响[J].采矿与安全工程学报,2016,33(1):35-41.

[11] 杜旭.多煤层赋存条件下采场覆岩"竖三带"分布规律研究与应用[D].北京:煤炭科学研究总院,2018.

[12] 郝圣艾,张作华,赵红梅,等.利用 SF_6 定性检测采空区地表漏风[J].煤矿安全,2007,38(8):26-28.

[13] 黄学满.煤矿采场"竖三带"的确定方法及应用[J].煤炭科学技术,2013,41(增刊):48-50.

[14] 江卫. SF_6 示踪技术与能位测定联合检测复杂采空区漏风[J].煤炭科学技术,2003,31(8):9-11.

[15] 孔令海,李峰,欧阳振华,等.采动覆岩裂隙分布特征的微震监测研究[J].煤炭科学技术,2016,44(1):109-113,143.

[16] 李迎春,杨胜强,张帅.基于示踪气体采空区漏风通道定性识别[J].煤矿安全,2013(1):185-188.

[17] 刘瑛忠,马忠利.示踪技术在煤矿漏风检测中的应用[J].煤矿安全,2002,33(4):

26-28.

[18] 欧聪，刘军. 突出矿井掘进工作面瓦斯渗流模型及数值模拟[J]. 中州煤炭，2016，50(8)：46-51.

[19] 齐庆新，季文博，元继宏，等. 底板贯穿型裂隙现场实测及其对瓦斯抽采的影响[J]. 煤炭学报，2014，39(8)：1552-1558.

[20] 秦汝祥，戴广龙，闵令海，等. 基于示踪技术的 Y 型通风工作面采空区漏风检测[J]. 煤炭科学技术，2010，38(2)：35-38.

[21] 孙景来. 关于煤层渗透性系数的研究[D]. 北京：煤炭科学研究总院，2009.

[22] 王玚. 恒泰南庄煤矿均压防治工作面采空区遗煤自燃方案优化技术应用研究[D]. 太原：太原理工大学，2016.

[23] 王海桥. 示踪气体测量理论及在矿井通风中的应用[J]. 工业安全与防尘，2000(2)：11-13.

[24] 王新丰，高明中，李隆钦. 深部采场采动应力、覆岩运移以及裂隙场分布的时空耦合规律[J]. 采矿与安全工程学报，2016，33(4)：604-610.

[25] 吴凤东. 大海则煤矿大采高综采技术适应性研究[D]. 北京：北京科技大学，2016.

[26] 杨宏民，刘冠鹏，刘军. 穿层钻孔与顺层钻孔抽采半径差异性研究[J]. 河南理工大学学报(自然科学版)，2016，35(2)：149-155.

[27] 杨勇，史惠堂. 应用示踪技术检测矿井采空区漏风[J]. 中国煤炭，2009，35(2)：52-55.

[28] 叶建平，陆小霞. 我国煤层气产业发展现状和技术进展[J]. 煤炭科学技术，2016，44(1)：24-28.

[29] 曾宪阳，池作和，郑明广，等. 示踪法测量气体流量的试验研究[J]. 流体机械，2011，40(9)：6-10.

[30] 张广超，何富连，来永辉，等. 高强度开采综放工作面区段煤柱合理宽度与控制技术[J]. 煤炭学报，2016，41(9)：2188-2194.

[31] 张建. 采动影响煤层水力冲孔卸压增透技术研究[D]. 淮南：安徽理工大学，2012.

[32] 张树川，刘泽功，戴广龙，等. 基于示踪技术的地面钻孔抽采卸压瓦斯影响范围研究[J]. 煤矿安全，2014，45(9)：1-3，8.

[33] 张文胜. 基于小波分析的掘进工作面瓦斯涌出模式识别研究[D]. 北京：中国矿业大学(北京)，2016.

[34] 张曦，戴广龙，聂士斌，等. 应用能位测定法和 SF_6 示踪技术检测孤岛工作面小煤柱漏风状态[J]. 矿业安全与环保，2016，43(5)：41-44.

[35] 周蒲生，宦煤生，任海忠，等. 利用 SF_6 示踪气体测定煤层瓦斯流动状态的尝试与分析[J]. 煤矿安全，2000(3)：37-38.

[36] 朱建芳，许育铭，郭文杰，等. 基于能位测定与 SF_6 示踪气体联合检测复杂采空区漏风[J]. 华北科技学院学报，2016，13(4)：30-34.

[37] CHAI J，DU M F，LIANG T，et al. Coal consumption in China：how to bend down the curve? [J]. Energy economics，2019，80(C)：38-47.

[38] GÜELL J L，MORRAL M，GRIS O，et al. Comparison of sulfur hexafluoride 20% versus air tamponade in descemet membrane endothelial keratoplasty [J]. Ophthalmology，2015，

122(9):1757-1764.

[39] LIU K,GAO D L,WANG Y B,et al. Effect of local loads on shale gas well integrity during hydraulic fracturing process[J]. Journal of natural gas science and engineering,2016,37:291-302.

[40] PIYUSH R,HAKAN S,PER-ARNE L,et al. Measurement-while-drilling technique and its scope in design and prediction of rock blasting[J]. International journal of mining science and technology,2016,26:711-719.

[41] SHI J Q,RUBIO R M,DURUCAN S. An improved void-resistance model for abandoned coal mine gas reservoirs[J]. International journal of coal geology,2016,165:257-264.

[42] TANHUA T, LIU M. Upwelling velocity and ventilation in the Mauritanian upwelling system estimated by CFC-12 and SF_6 observations[J]. Journal of marine systems,2015,151:57-70.

[43] WANG C H,CAO X Y,MAO J,et al. The changes in coal intensity of electricity generation in Chinese coal-fired power plants[J]. Energy economics,2019,80(C): 491-501.

[44] WANG G F,XU Y X,REN H W. Intelligent and ecological coal mining as well as clean utilization technology in China: review and prospects[J]. International journal of mining science and technology,2019,29(2):161-169.

[45] WANG G M,JO H E,KIM S J,et al. Measurement and analysis of partial discharges in SF_6 gas under HVDC[J]. Measurement,2016,91:351-359.

[46] WANG H W,JIANG Y D,XUE S,et al. Influence of fault slip on mining-induced pressure and optimization of roadway support design in fault-influenced zone[J]. Journal of rock mechanics and geotechnical engineering,2016,8(5):660-671.

[47] WANG L,LIU S M,CHENG Y P,et al. The effects of magma intrusion on localized stress distribution and its implications for coal mine outburst hazards[J]. Engineering geology,2017,218(23):12-21.

[48] WIDIATMOJO A,SASAKI K,SUGAI Y,et al. Assessment of air dispersion characteristic in underground mine ventilation: field measurement and numerical evaluation[J]. Process safety and environmental protection,2015,93:173-181.

[49] XIE J L,XU J L,WANG F,et al. Deformation effect of lateral roof roadway in close coal seams after repeated mining[J]. International journal of mining science and technology,2015,24(5):597-601.

[50] XIN F D,XU H,TANG D Z,et al. Pore structure evolution of low-rank coal in China [J]. International journal of coal geology,2019,205(3):126-139.

[51] XU G, LUXBACHER K D, RAGAB S, et al. Development of a remote analysis method for underground ventilation systems using tracer gas and CFD in a simplified laboratory apparatus[J]. Tunnelling and underground space technology, 2013, 33: 1-11.

[52] YANG W,LIN B Q,ZHAI C,et al. How in situ stresses and the driving cycle footage affect the gas outburst risk of driving coal mine roadway[J]. Tunnelling and underground space

technology,2012,31:139-148.
[53] ZHENG L H,SU G D,LI Z H,et al. The wellbore instability control mechanism of fuzzy ball drilling fluids for coal bed methane wells via bonding formation[J]. Journal of natural gas science and engineering,2018,56:107-120.